中学受験を成功させる
熊野孝哉の「図形」入試で差がつく50題＋4題

増補改訂版

熊野孝哉【著】

増補改訂版のための前書き＋本書の効果的な使用法

2014年12月に本書の初版が発行されましたが、お陰様で多くの受験生や保護者の方から高い評価をいただき、今回は増補改訂版を発行させていただくことになりました。

初版では中堅校対策の20題、上位校対策の20題、難関校対策の10題を収録しておりましたが、今回の改訂では難関校対策として４題（問題51～54）を追加しました。参考までに、私が家庭教師で指導している難関校受験生の正答率（６年生５月実施）は、問題51：100％、問題52：52％、問題53：80％、問題54：40％でした。特に問題52、54は初見で対処することが難しく、類題を解いた経験の有無が影響しやすい問題だと言えます。

本書の使用目的は人それぞれだと思いますが、参考までに効果的な使用例をいくつか紹介したいと思います。初版の「はじめに」でも本書の使用法について触れておりますが、ここでは特に「難関校受験生向けの使用法」という視点で改めて整理しました。

＊　　＊　　＊

【使用例１：定番問題の解法を最短距離で習得する】

図形を効率的に攻略するには、知識（解法）を十分にインプットしてから応用問題演習に進むというのが基本になりますが、知識が不十分な状態で応用問題演習に進んだことで苦戦している例が難関校受験生にも多く見られます。本書の１、２章では基本・標準レベルの定番問題40題を選んでいますが、知識不足がネックになっている受験生の場合は、ここを固めるだけでも改善が期待できます。

【使用例２：「中学への算数」の事前学習として使用する】

難関校受験生の間では『中学への算数』(東京出版)の使用率が年々高くなっていますが、ハードルの高さを感じる受験生も多いようです。本書の３、４章では応用レベルの重要問題 14 題を選んでいますが、ここを事前に学習して難度の高い問題を経験することで、『中学への算数』にも少し取りかかりやすくなります。

【使用例３：難関校志望者が３、４年生で使用する】

本書は、基本的には５年生前期から６年生前期での使用を想定していますが、特に１、２章については（初見で解けなくても）解説を読めば理解できる問題が多く、先取り学習を順調に進めている３、４年生がレベルアップの目的で使用することも十分に可能です。

＊　　＊　　＊

使用例は他にも考えられますが、ここでは代表的なものを紹介しました。お子様の状況に応じて臨機応変に本書を活用していただけましたら、著者として嬉しく思います。

2020 年９月

熊野孝哉

初版　はじめに

「入試で差がつく」シリーズの続編

エール出版社では、これまでに6冊の参考書・問題集を書かせていただきました。(かっこ内は、初版の発行年／レベル設定)

「比を使って文章題を速く簡単に解く方法」(2008年／標準)
「場合の数・入試で差がつく51題」(2009年／標準～応用)
「速さと比・入試で差がつく45題」(2011年／標準～応用)
「算数ハイレベル問題集」(2011年／応用)
「文章題・基礎固めの75題」(2012年／基本)
「文章題・入試で差がつく56題」(2014年／標準～応用)

それぞれの本については高い評価をいただいてきましたが、分野という点で見れば、3大分野（文章題・数論・図形）の内、文章題が4冊、数論が1冊、総合が1冊というように、図形のみをテーマとするのは、本書が初めてとなります。

本書は「入試で差がつく」シリーズの続編として、「図形」をテーマに作成しました。1章は中堅校向け(20題)、2章は上位校向け(20題)、3章は難関校向け（10題）という構成で、学習効果の高い良問を選んでいます。本書で解説している50題だけを行えば、図形が完璧になる・・・という訳ではありませんが、短期間の学習で他の受験生に十分な差をつけることができます。

図形は「経験値」が物を言う

３大分野の中で、最も経験値が物を言うのは図形です。例えばトップレベルの５年生が難関校の入試問題に挑戦すると、文章題や数論の問題は６年生でも上位に相当する結果を出せても、図形だけは歯が立たないことが少なくありません。

中学受験（特に近年）の図形では、率直に言って「知らなければ解けない」という種類の問題が多く出題されています。文章題や数論でもそういうことはありますが、特に図形について、その傾向が強くなっています。

本書の意図は「短期間で図形問題の経験値を増やす」ことにあります。特に図形分野の特徴（初見で解けない問題が多い）を踏まえた取り組み方を実践していただきたいと思います。

例えば「１日１題を解き、50 日かけてじっくり進める」という取り組み方は、状況や目的によっては適していることもありますが、個人的にはお奨めしません。実際、その方法で進めたとして、50 日後に完成している確率は低いと思います。

それよりも「１巡目は（短期間で）流す感じで進めて、２、３巡目で完成させる」という方法の方が現実的・効率的です。これから本書に取り組まれる方は、参考にしていただければと思います。

家庭教師の「授業メモ」を再現

解説のページでは､各問題について「詳しいメモ」を掲載しています。「詳しいメモ」というのは､私が家庭教師の授業で生徒に渡している「授業メモ」を再現したものです。

右ページの資料は、家庭教師の授業で渡している「授業メモ」の一例です。1回の授業で10～20枚を渡していますので、受験までに1000枚を超える生徒も少なくないのですが、ほとんどの生徒は受験が終わるまで（生徒によっては受験が終わっても）ファイル等に保管して、復習してくれているようです。

実際、授業で解説をしていると、生徒から「あの問題と同じだ」と数ヶ月前に解説した内容を指摘されることがありますが､聞いてみると｢授業メモ」で記憶していることが多いようです。

本書の解説を、普通の解説（文章による説明）ではなく「メモ形式」にしたのは、これが最も効率的に理解･吸収できると（生徒の反応から）経験的に感じているからです。

＜資料＞家庭教師で渡している「授業メモ」

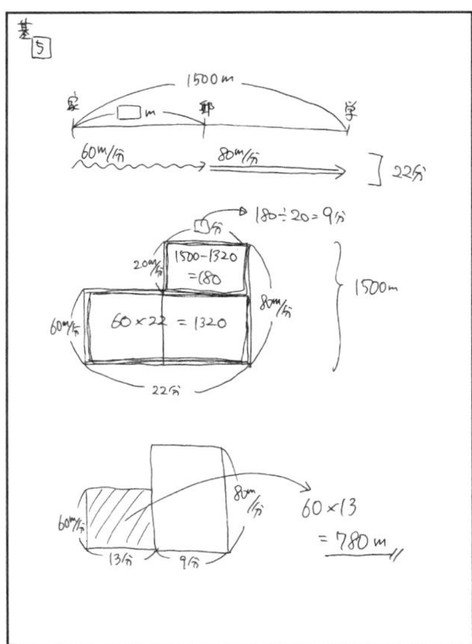

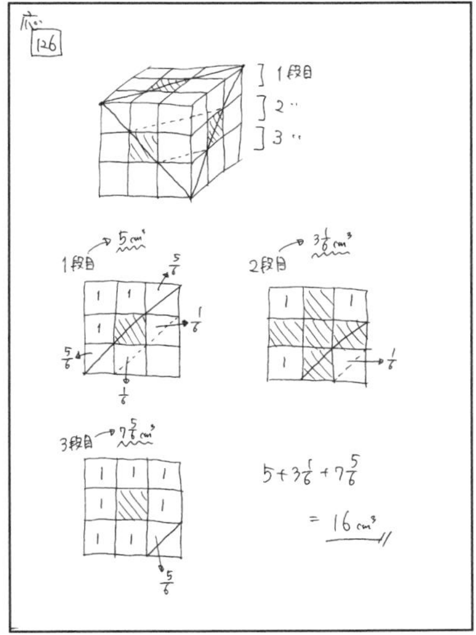

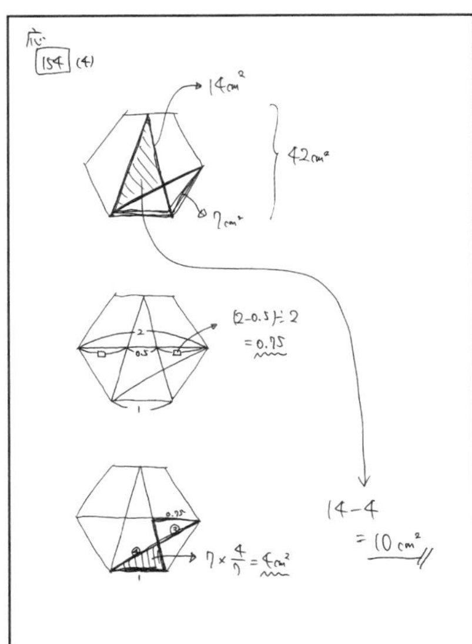

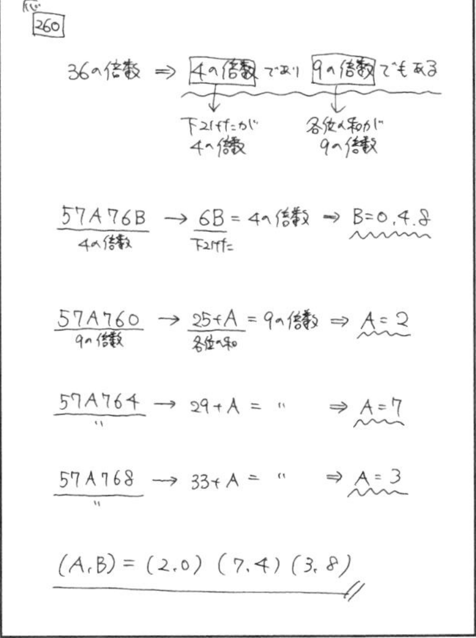

効果的な使い方

普通に問題集として解き進めても良いのですが、お奨めしたいのは1章（中堅校向け）の20題を「診断テスト」として使用するという方法です。問題1～20を制限時間50分で解き、正解した問題数に応じて、次のように取り組んでください。

16～20問正解…合格です。２章以降に進んでください。

11～15問正解…標準以上の実力はありますが、少し不安もあります。標準レベルの教材（「四科のまとめ」等）を使って、図形の自信のない問題を復習しておきましょう。復習が終わったら、問題1～20に再挑戦してください。

6～10問正解…基礎力に少し不安があります。標準レベルの教材(「四科のまとめ」等）を使って、図形の代表的な問題を一通り復習しておきましょう。復習が終わったら、問題1～20に再挑戦してください。

0～5問正解…基礎力に不安があります。基本レベルの教材（「ベストチェック」等）を使って、図形の基本問題を一通り復習しておきましょう。復習が終わったら、問題1～20に再挑戦してください。

(問題1～20に再挑戦した場合は、その正解数に応じて、上のように取り組んでください。)

取り組むのが難しい場合は……

本書は「図形の基本問題が一通り解ける」ことを前提に、標準～応用レベルの問題を扱っているため、基礎が固まっていない受験生にとっては難しく感じるはずです。問題１～20を解いてみて「まだ歯が立たない」と感じる場合は、まずは基礎固めに専念して、数ヶ月後に本書に再び取り組んでみてください。

また、本書の解説は「なるべく説明（言葉による情報）を少なくして、感覚的にイメージを習得できる」ことを目指して作成しています。説明を減らすことによるリスク（根底となる理屈が理解しづらくなる）もありますが、それ以上に「軽く読み進められる」ことを優先しました。

本書に取り組むための時間を確保できないという場合は、１つ１つの問題を無理に解こうとせずに、移動時間やすき間時間を利用して（問題は解かずに）解説を読み進めていくというのも１つの方法です。

それでは最後になりますが、本書が多くの中学受験生に役立つことを願っています。

2014年10月

熊野　孝哉

<もくじ>

2章 上位校対策　問題

問題解説

1章

【中堅校対策】

問題

問題[1]

●印のついた角の和を求めなさい。

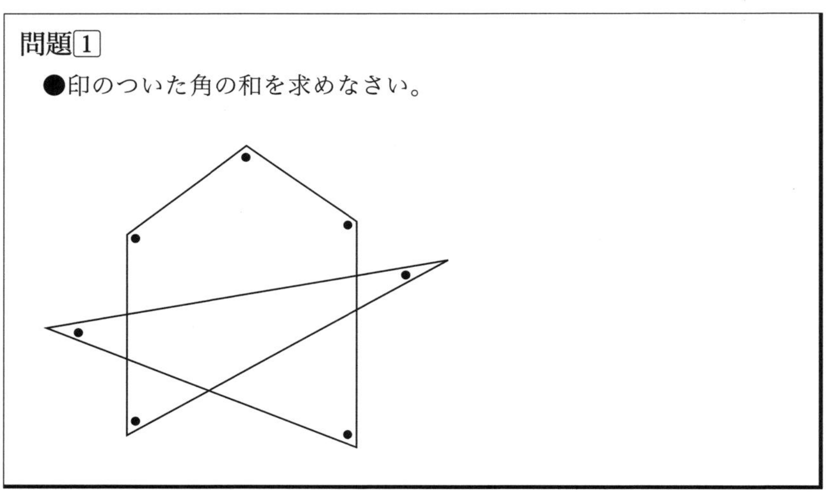

問題[2]

角 x の大きさを求めなさい。ただし、○と○、△と△は同じ角度です。

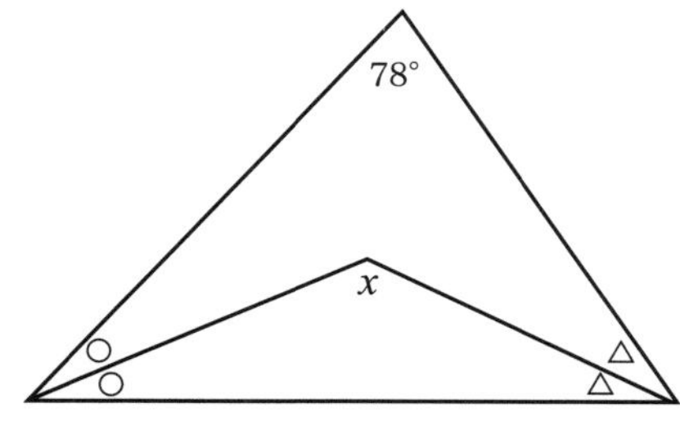

問題3

AB = AC、AD = DE = EF = FB = BC のとき、角 x の大きさを求めなさい。

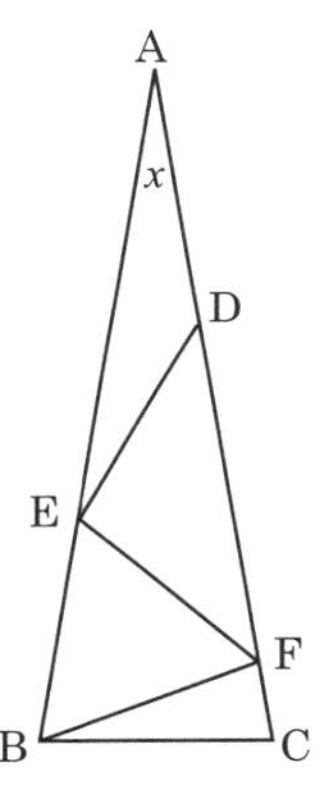

問題4

四角形 ABCD は正方形です。角 x の大きさを求めなさい。

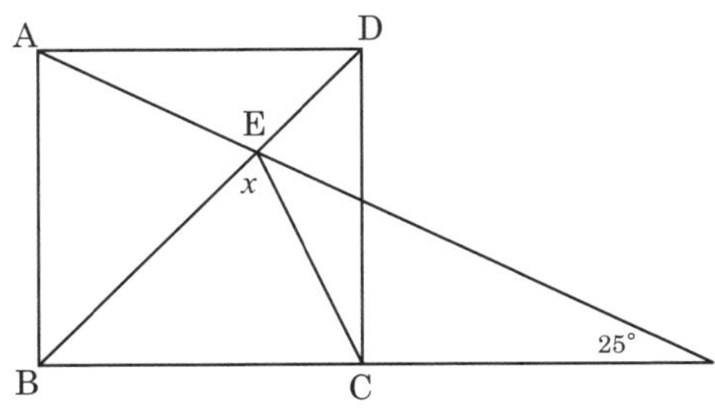

問題5

おうぎ形を AB を折り目として折りました。角 x の大きさを求めなさい。

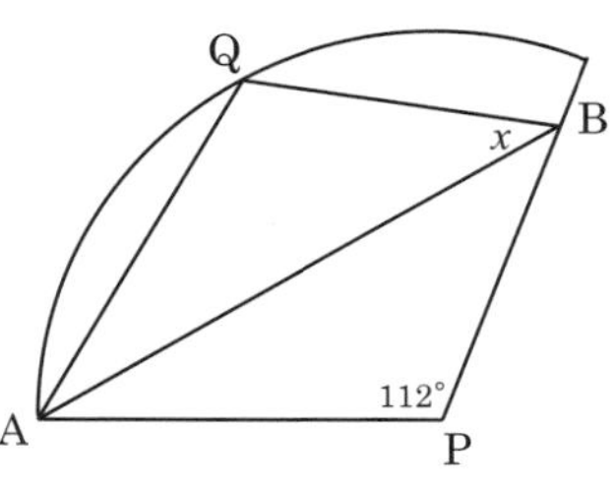

問題6

面積が 40㎠の正三角形の内側に円があり、さらにその内側に正三角形があります。内側の正三角形の面積を求めなさい。

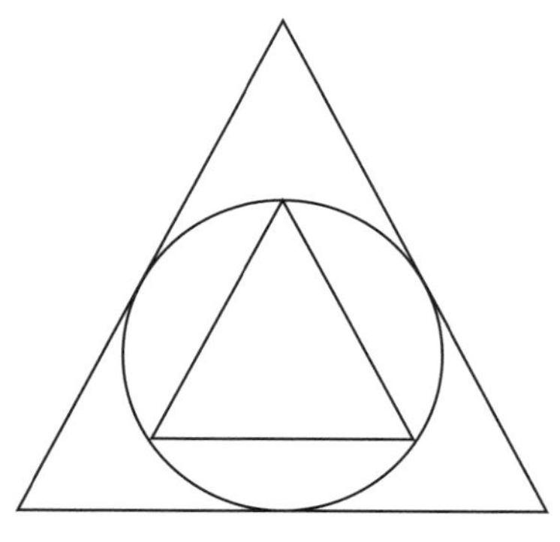

問題7

面積が 36㎠の正六角形 ABCDEF があります。斜線部分の面積を求めなさい。

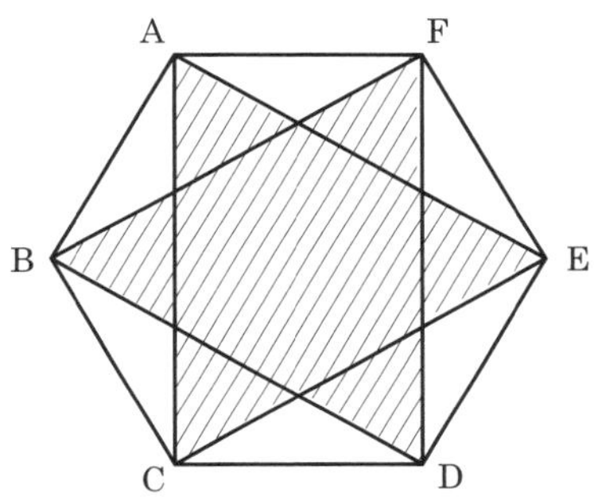

問題8

ABCD は長方形で、AB ＝ 5 ㎝、AD ＝ 7 ㎝、AE ＝ 2 ㎝です。アとイの面積が等しいとき、ＡＦの長さを求めなさい。

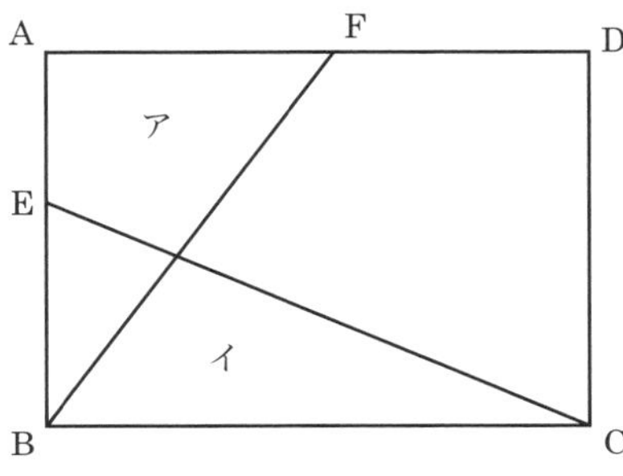

問題9

おうぎ形の中に、1辺の長さが10㎝の正方形があります。斜線部分の面積を求めなさい。

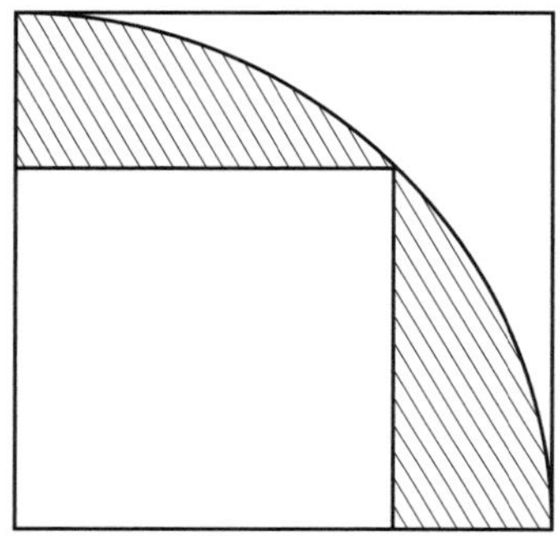

問題10

三角形の面積を求めなさい。

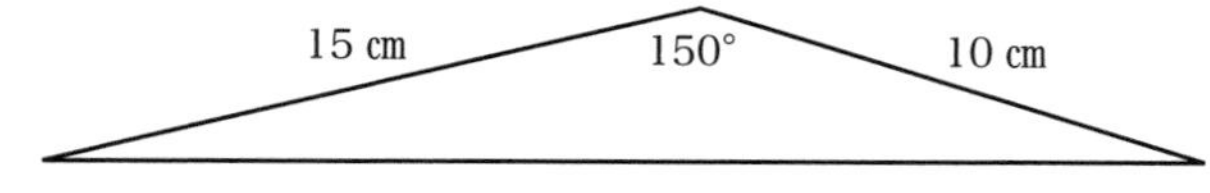

問題11

BA：AD＝1：2、CB：BE＝1：1、AC：CF＝1：1のとき、三角形DEFの面積は三角形ABCの面積の何倍ですか。

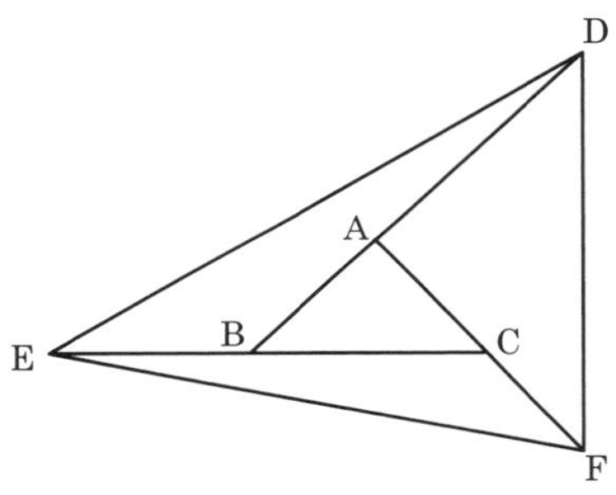

問題12

直角三角形ABCの中に正方形があります。AC＝21㎝、BC＝28㎝です。

正方形の面積を求めなさい。

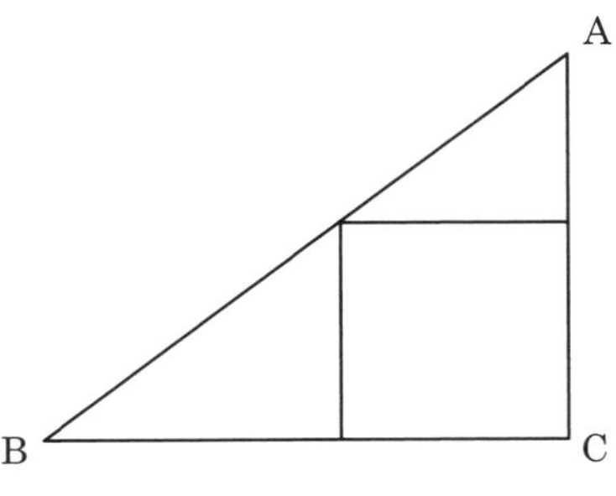

問題13

底面の半径が 10cmで高さが 10cmの円柱の上に、底面の半径が5cmで高さが8cmの円柱をのせて、立体を作りました。この立体の表面積を求めなさい。ただし、円周率は 3.14 とします。

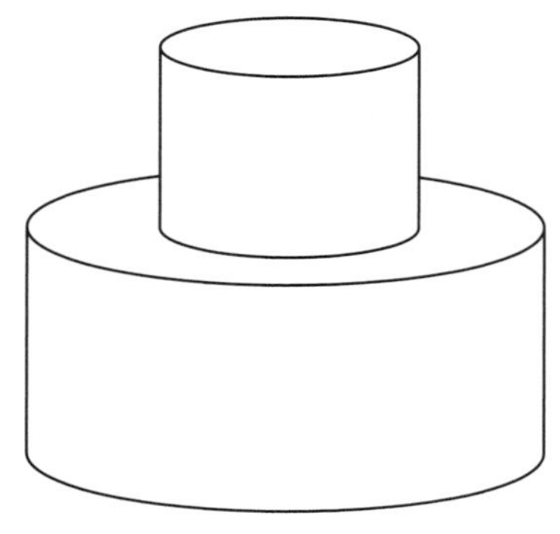

問題14

1辺が1cmの正方形を6個組み合わせた図形があります。この図形を直線 ℓ を軸に1回転してできる立体の体積を求めなさい。ただし、円周率は 3.14 とします。

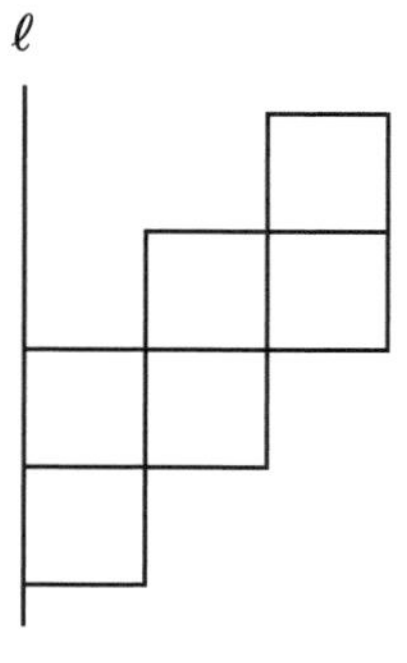

問題15

図は１辺が６cmの立方体で、AB ＝ AC ＝３cmです。３点B、C、Dを通る平面で切ったときにできる三角すいの表面積を求めなさい。

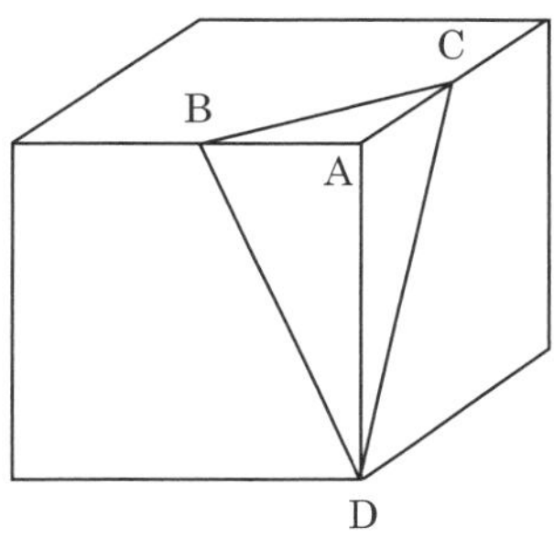

問題16

１辺が６cmの立方体があります。この立方体の正面から１辺２cmの正方形、上の面から直径２cmの円の穴をあけました。残った立体の体積を求めなさい。ただし、円周率は3.14とします。

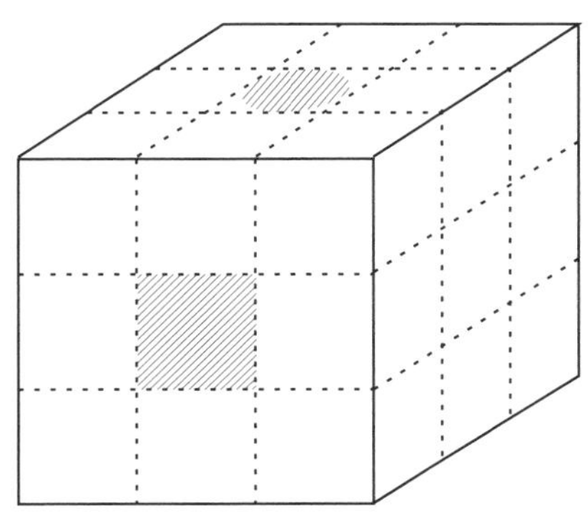

問題17

同じ大きさの小さい立方体を125個積み重ねて、図のような大きい立方体を作り、6つの面すべてに色をぬりました。125個の小さい立方体について、（1）1面だけ色がぬられているもの（2）2面だけ色がぬられているもの（3）3面だけ色がぬられているもの（4）色がぬられていないもの　の個数を、それぞれ求めなさい。

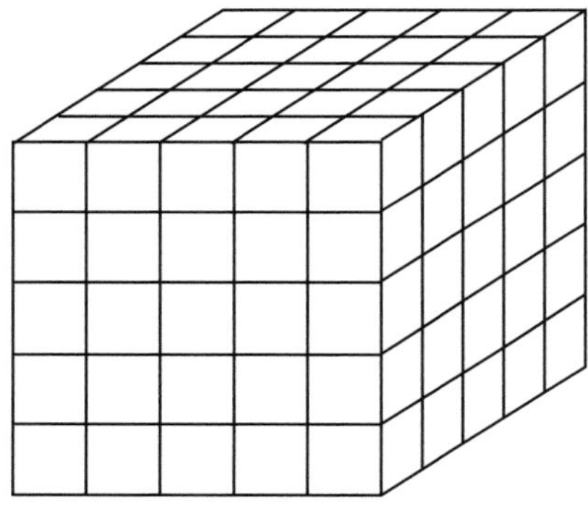

問題18

同じ大きさの小さい立方体を27個積み重ねて、図のような大きい立方体を作りました。3つの頂点A、F、Cを通る平面でこの立方体を切断しました。このとき、切断されたもとの小さい立方体は何個ですか。

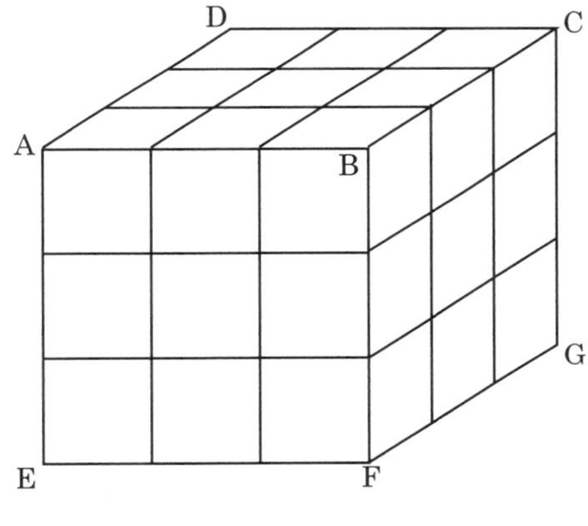

問題19

図は１辺が６cmの立方体で、AP＝AQ＝３cmです。３点P、Q、Fを通る平面で切ったとき、点Eを含む方の立体の体積を求めなさい。

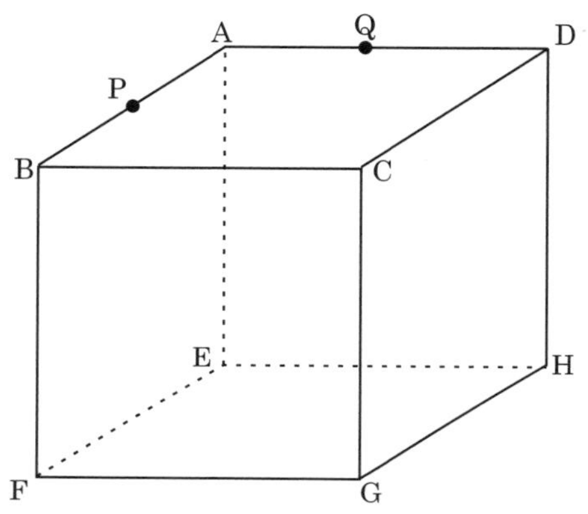

問題20

図は１辺が６cmの立方体です。４点A、C、F、Hを頂点とする立体の体積を求めなさい。

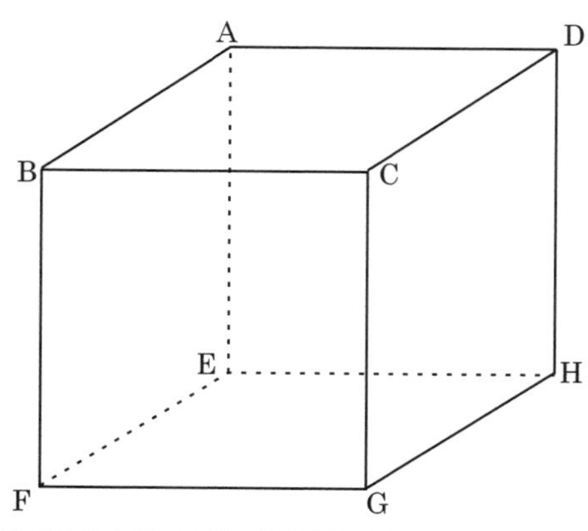

【中堅校対策】

問題解説

1 問題は 014 ページ参照

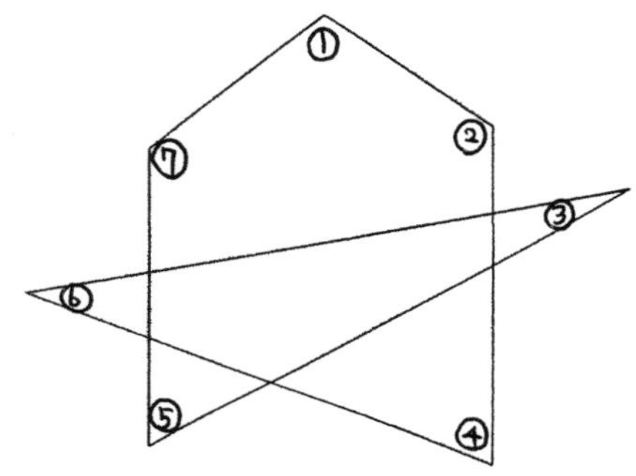

①〜⑦の和を求める。

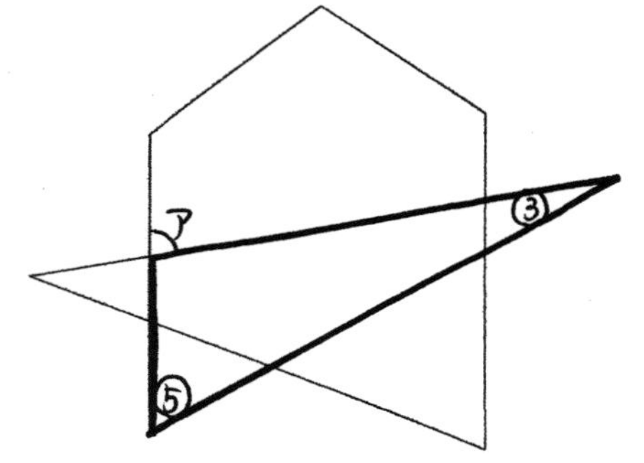

外角の公式より

ア ＝ ③ ＋ ⑤

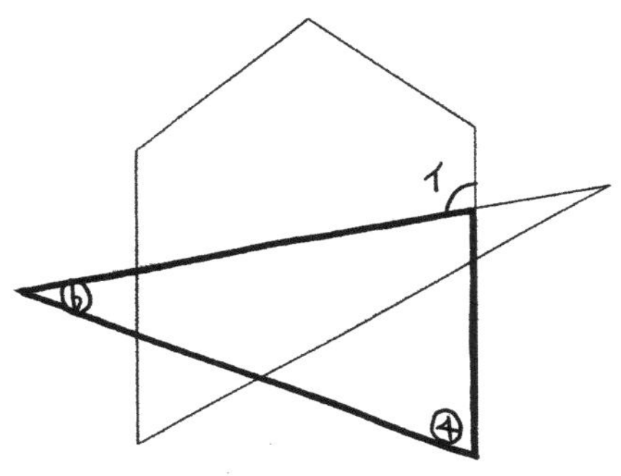

外角の公式より

イ＝④＋⑥

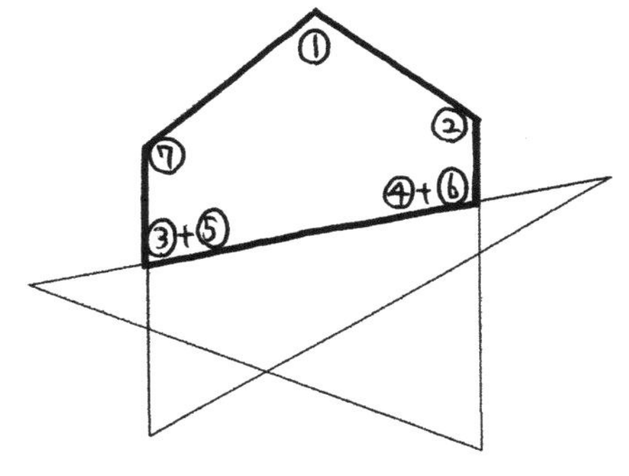

①〜⑦の和

＝五角形の内角の和

$= 180 \times (5-2)$

$= \underline{540^\circ}$ //

〈別解〉

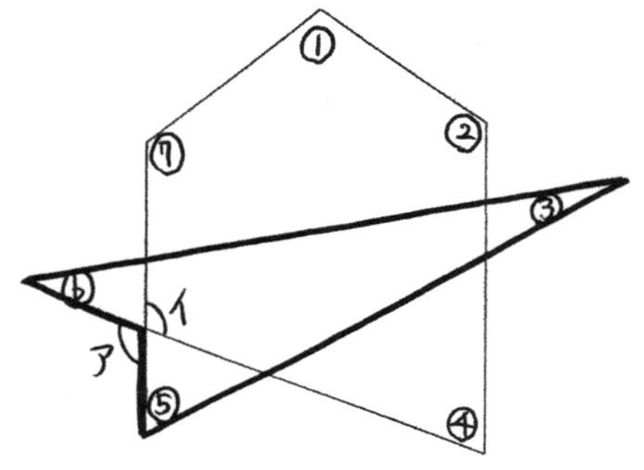

ブーメランの公式より

ア＝③＋⑤＋⑥

⇓

イ＝③＋⑤＋⑥

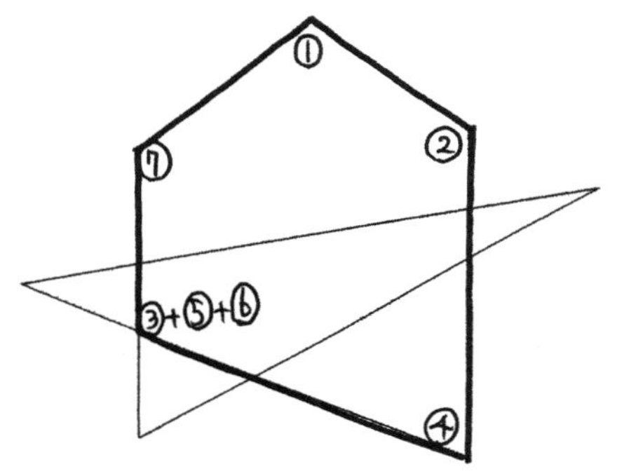

①～⑦の和

＝五角形の内角の和

＝540°

〈参考〉

「ブーメランの公式」は
外角の公式から導く
ことができます。

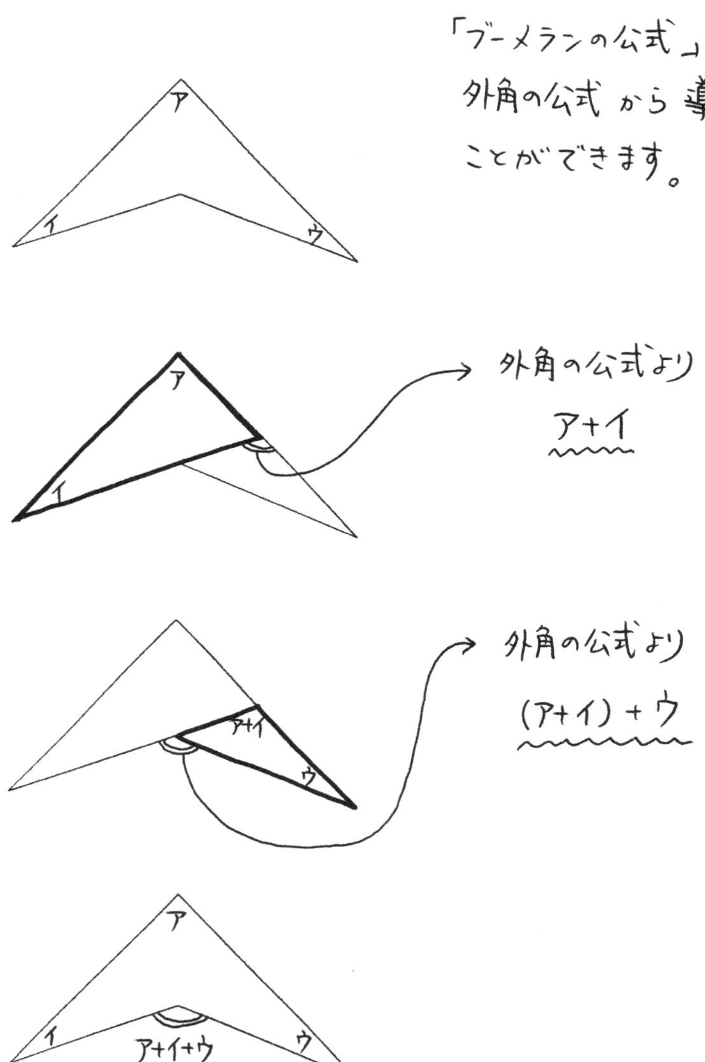

2 問題は014ページ参照

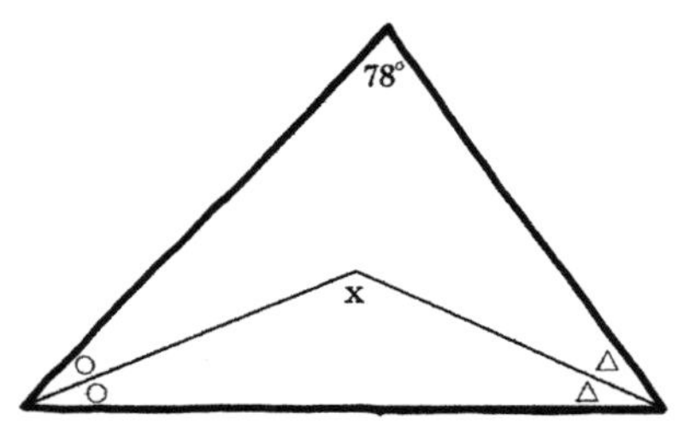

内角の和 = 180°より

○○ + △△ + 78 = 180

→ ○○ + △△ = 102

→ ○ + △ = 102 ÷ 2

= 51 ☆

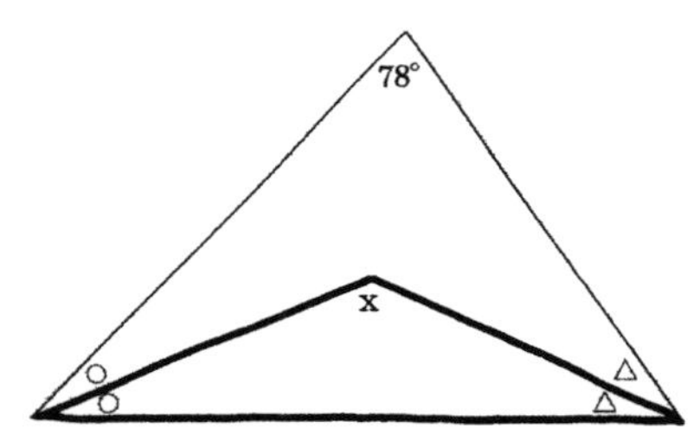

x + ○ + △ = 180

→ x = 180 − (○ + △)

= 180 − 51

= 129°

<別解>

(☆までは同じ)

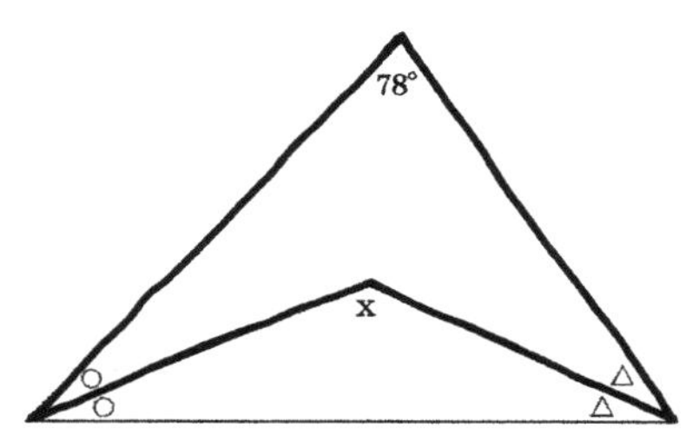

ブーメランの公式より,

$x = 78 + ○ + △$

$= 78 + 51$

$= \underline{129°}$ //

3 問題は015ページ参照

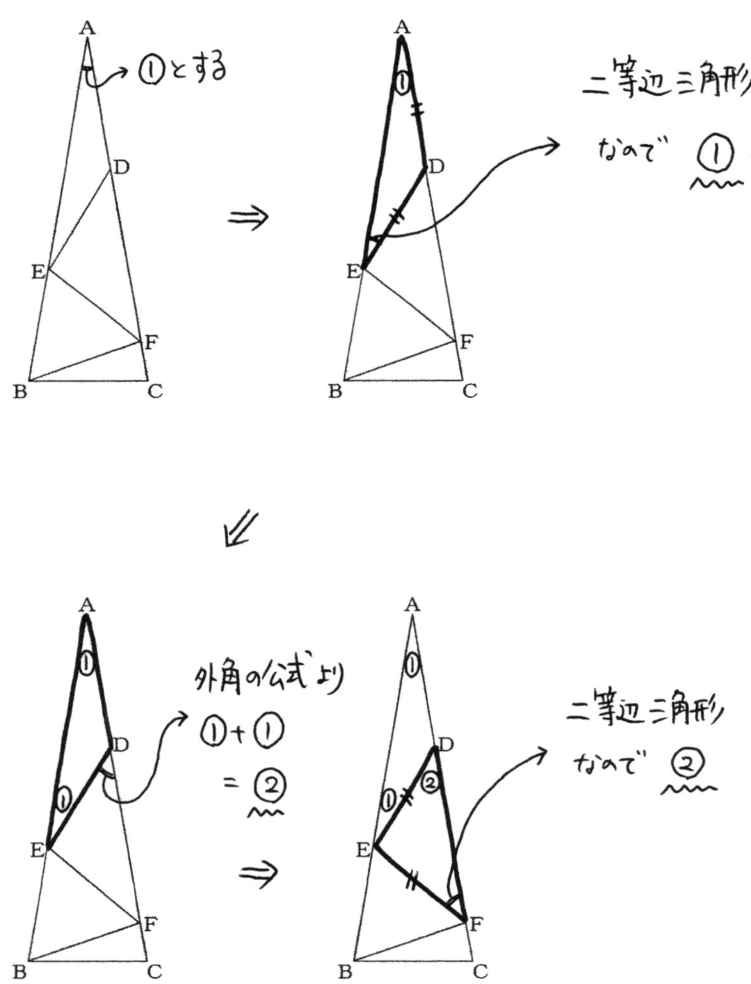

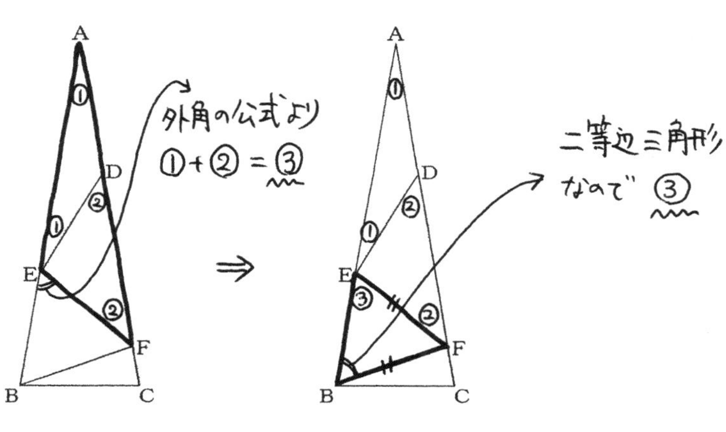
A
D
E
F
B
C
外角の公式より
①+②=③
⇒
二等辺三角形
なので ③

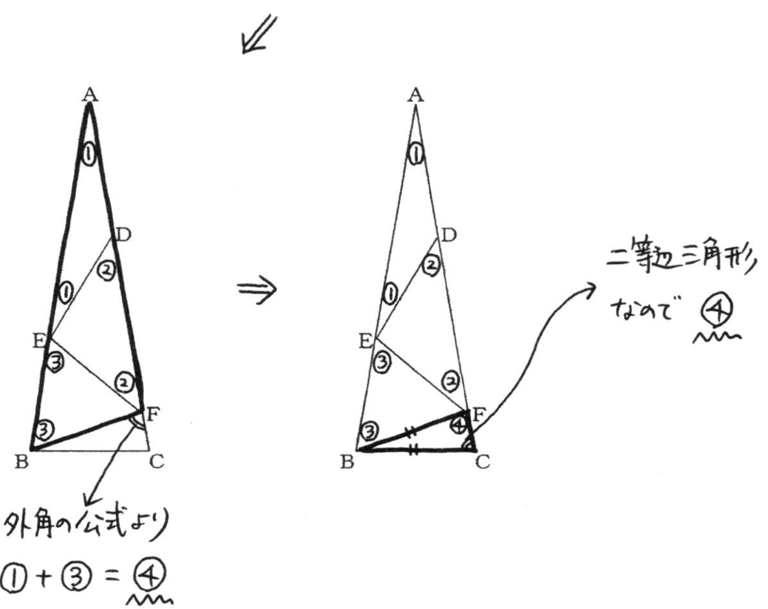
A
D
E
F
B
C
⇒
二等辺三角形
なので ④
外角の公式より
①+③=④

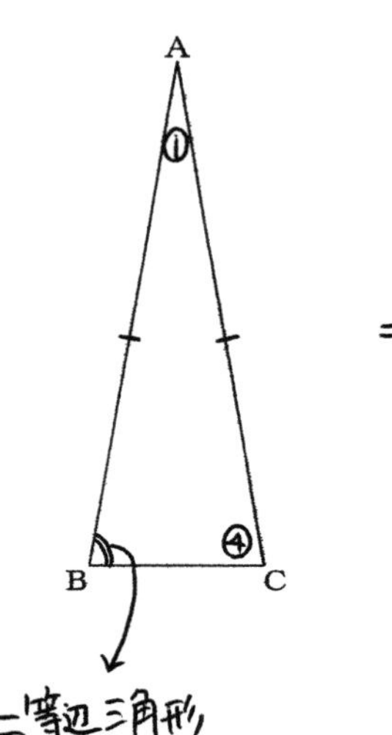

二等辺三角形
なので④

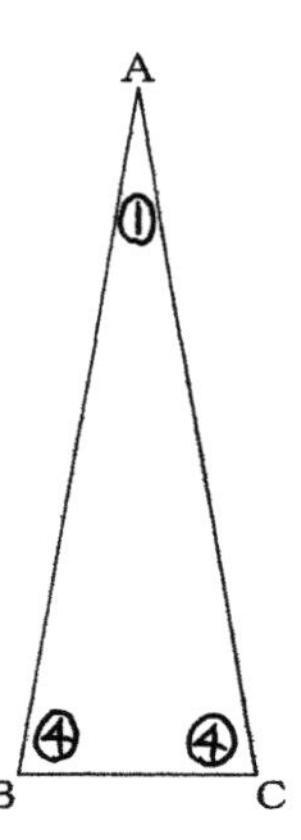

⇒

内角の和 = 180° より

① + ④ + ④ = 180

→ ⑨ = 180

→ ① = 20

よって、 x = 20°

〈参考〉

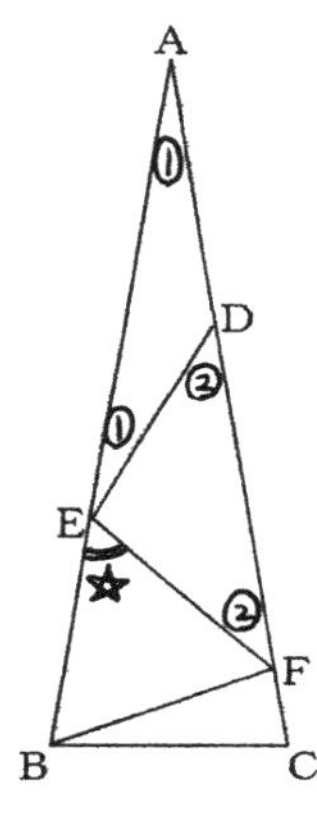

☆＝△DEFの外角

＝②＋②

＝④

×

…としてしまわないように注意しましょう。

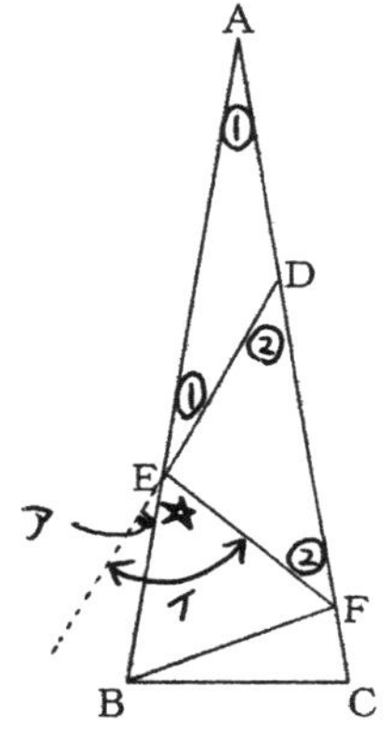

正しくは、

ア＝①（対頂角）

イ＝△DEFの外角＝④

☆＝イ－ア

＝④－①

＝③　となります。

4 問題は015ページ参照

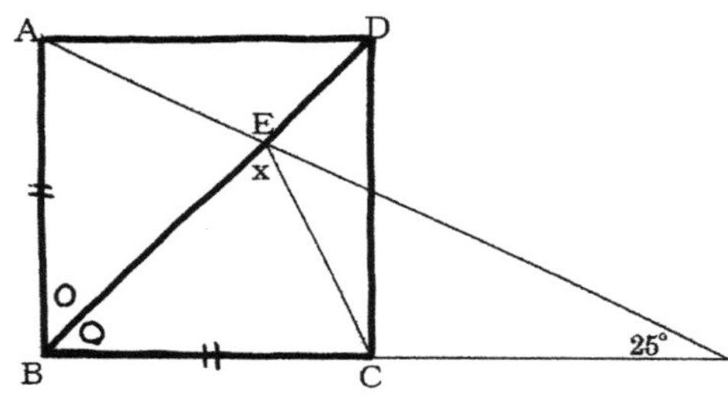

正方形なので

AB = BC

○ = 45°

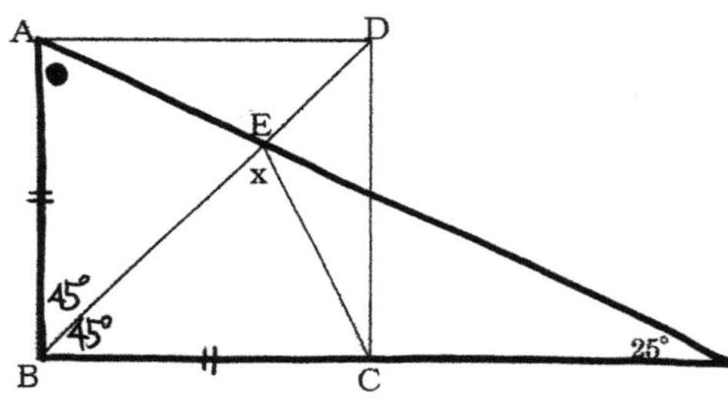

● = 180 − (90 + 25)

= 65°

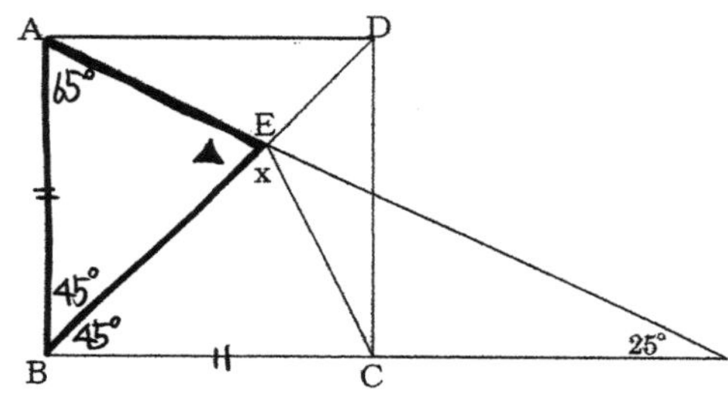

▲ = 180 − (65 + 45)

= 70°

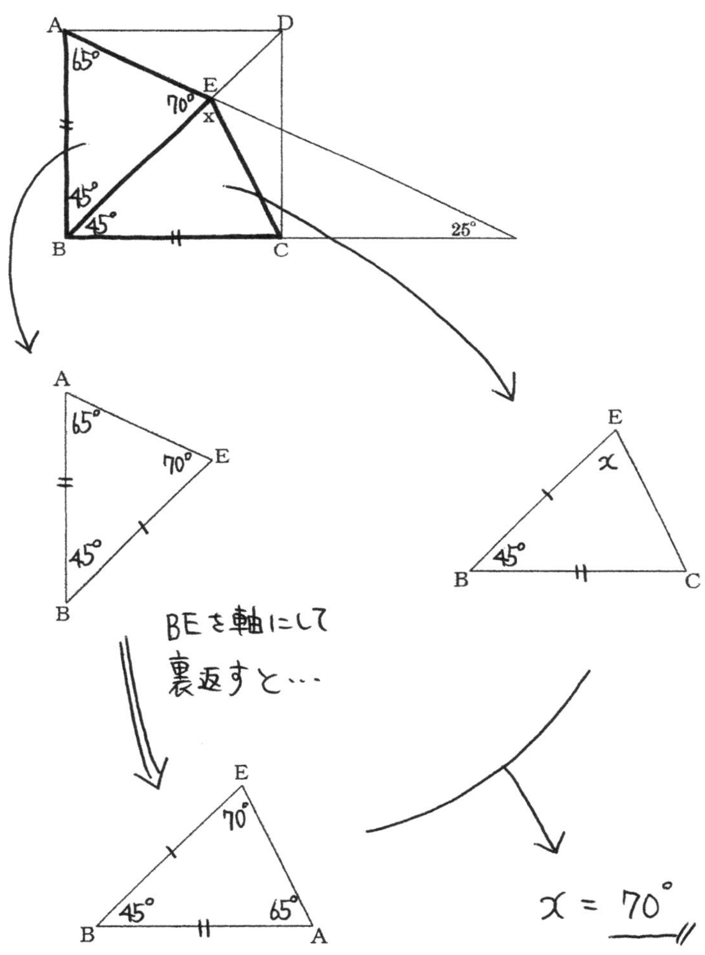
A
D
65°
E
70°
x
45°
45°
25°
B
C
A
65°
70°
E
45°
B
E
x
45°
B
C
BEを軸にして
裏返すと…
E
70°
45°
65°
B
A
x = 70°

5 問題は 016 ページ参照

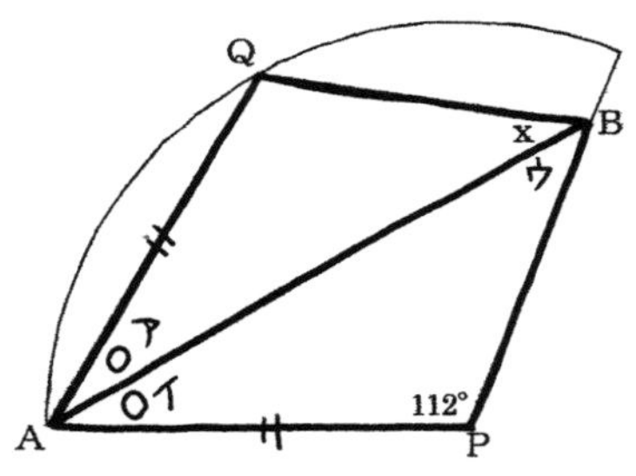

折り返す前（△PAB）と
後（△QAB）は合同
↓
PA = QA，ア = イ，ウ = x

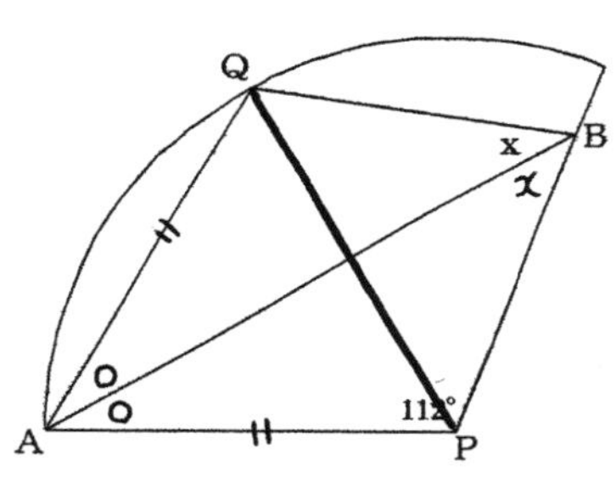

PQを結ぶと…

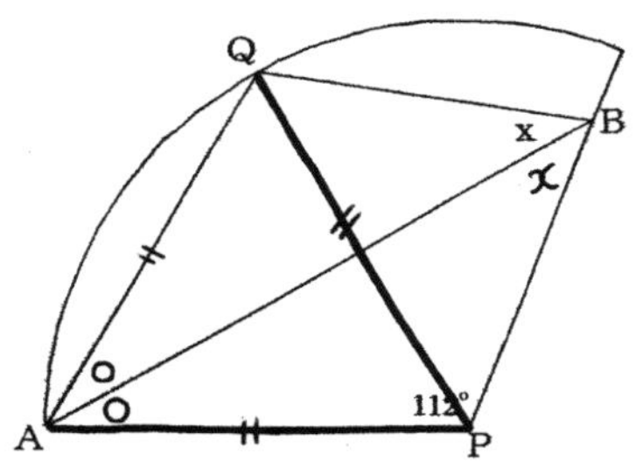

PQ，PAは半径なので
PQ = PA

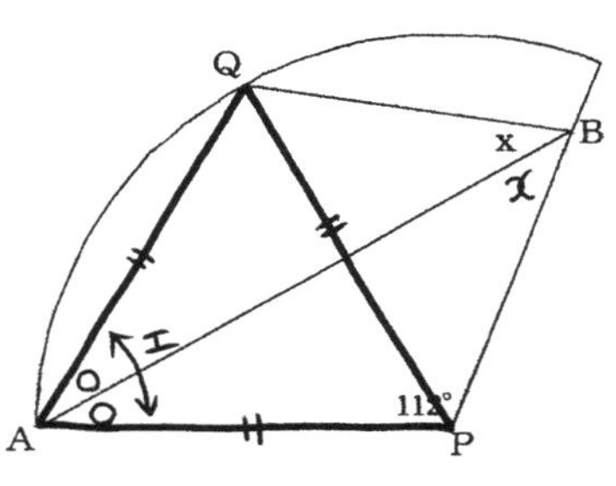

PQ = PA = QA

↓

△APQは正三角形

↓

エ = 60°

↓

○ = 30°

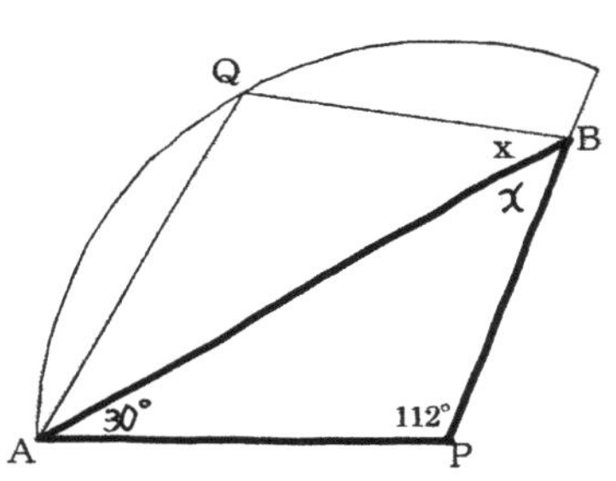

$x = 180 - (30 + 112)$

$= 38°$

6 問題は 016 ページ参照

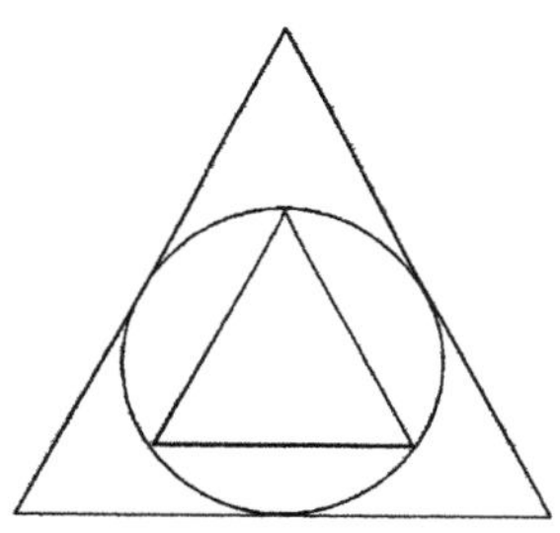

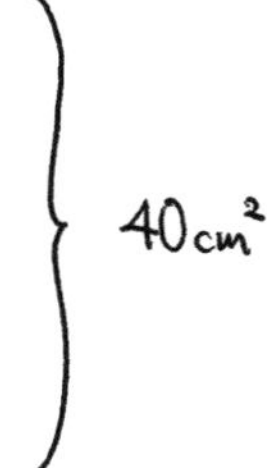

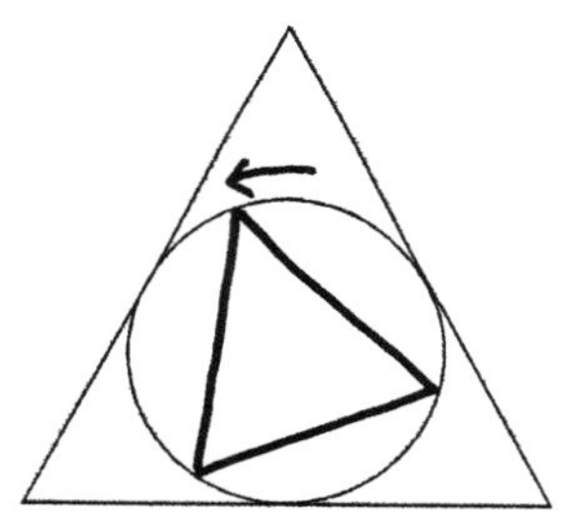

内側の正三角形を
回転させて …

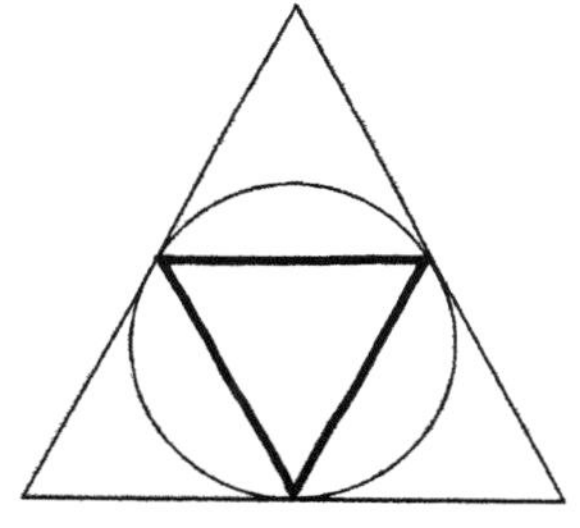

上下逆向きにする

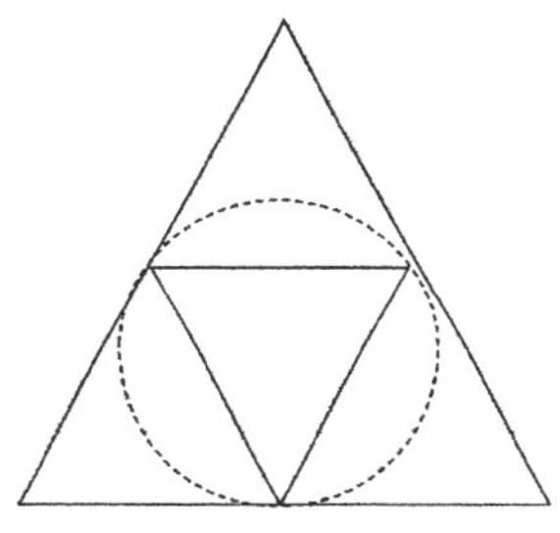

円を消すと…

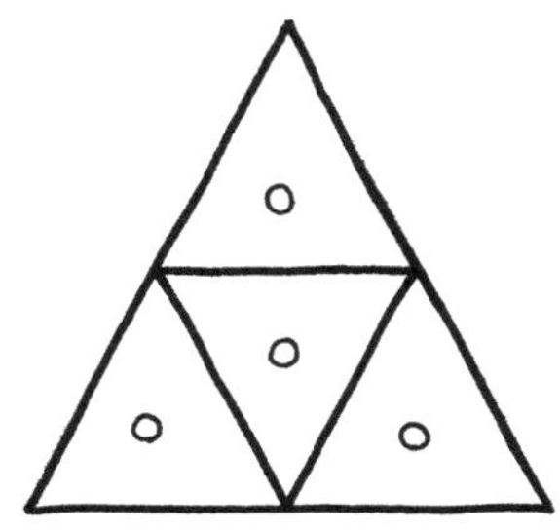

合同な正三角形が

4個できる

よって，内側の正三角形 $= 40 \times \frac{1}{4}$

$= \underline{10 \text{ cm}^2}$

7 問題は017ページ参照

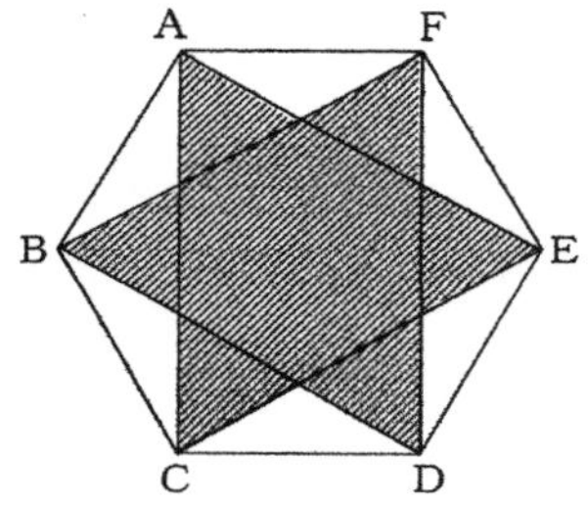

36 cm²

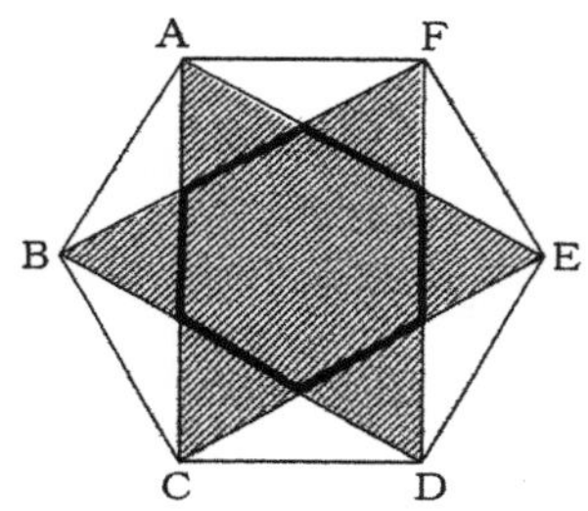

内側の正六角形を
分割すると…

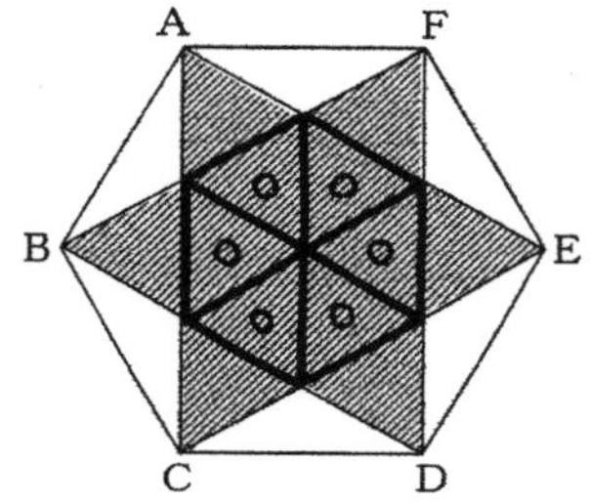

正三角形が
6個できる

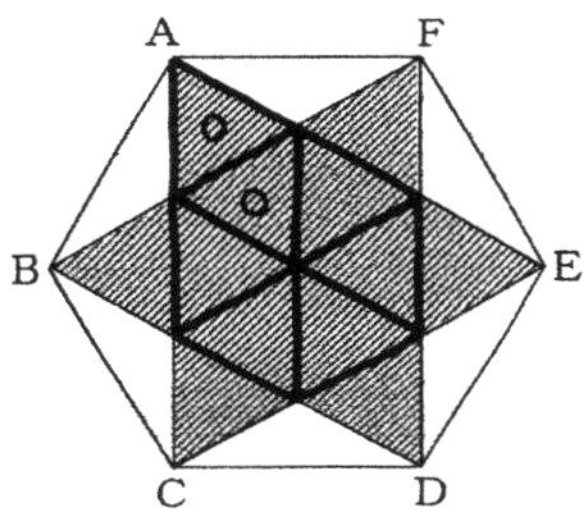

外側の正三角形
も合同

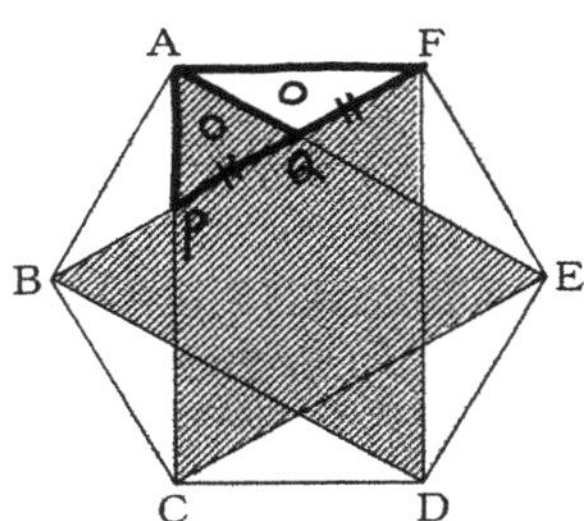

PQ = QF より

△APQ = △AQF

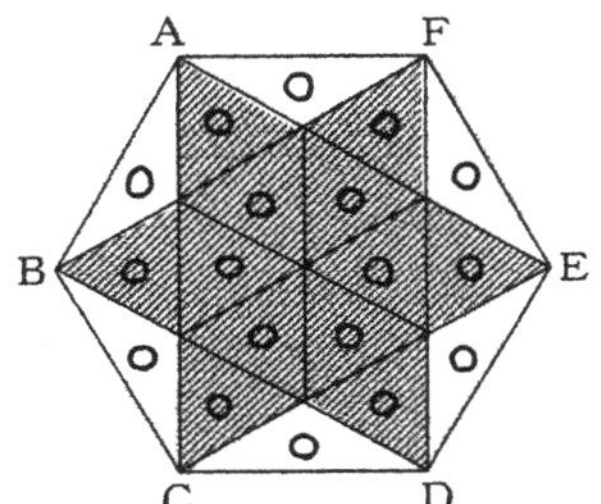

全体 = ○ × 18 = 36 cm^2

↓

○ = 2 cm^2

↓

斜線 = ○ × 12 = 24 cm^2

8 問題は017ページ参照

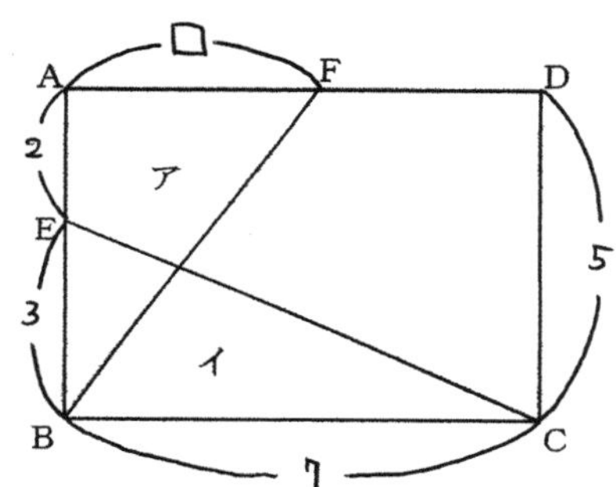

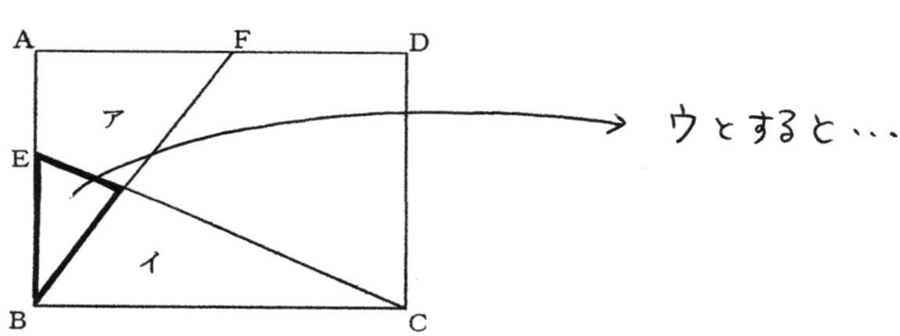

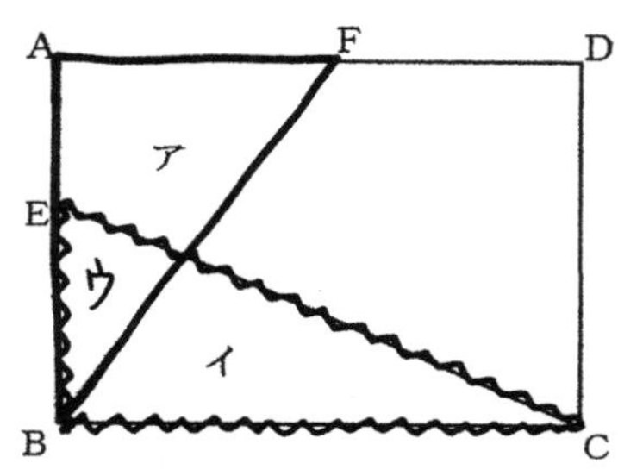

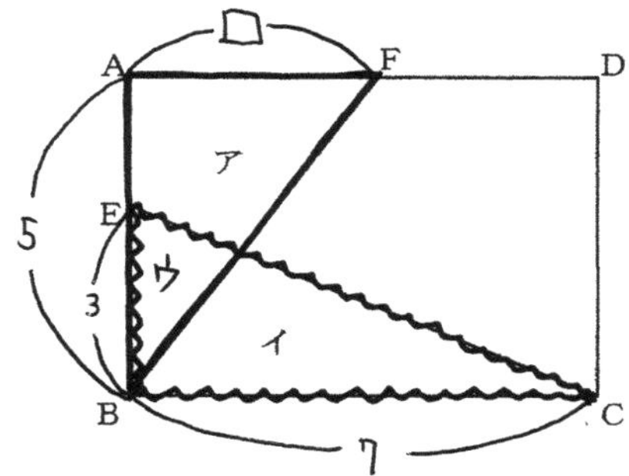

$$\underbrace{\square \times 5 \div 2}_{ア+ウ} = \underbrace{7 \times 3 \div 2}_{イ+ウ}$$

→ □ = 4.2 cm

問題は 018 ページ参照

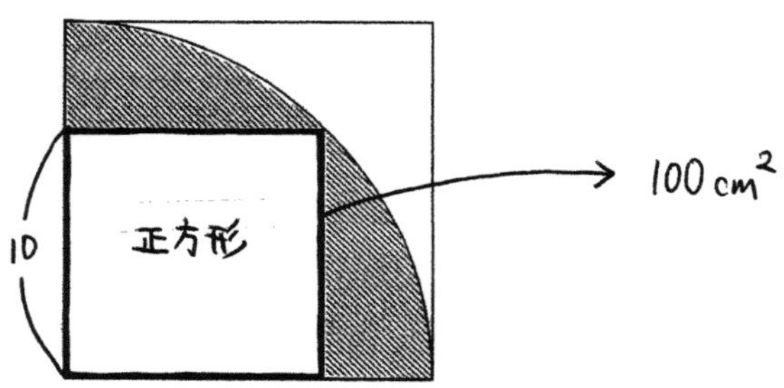

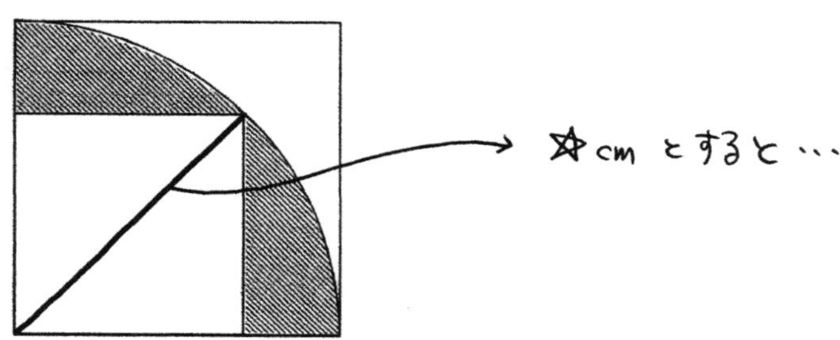

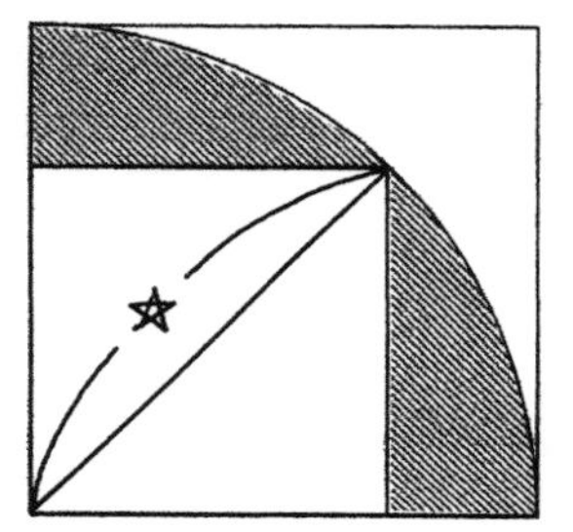

正方形 ＝ 100 cm² より

☆ × ☆ ÷ 2 ＝ 100

→ ☆ × ☆ ＝ 200

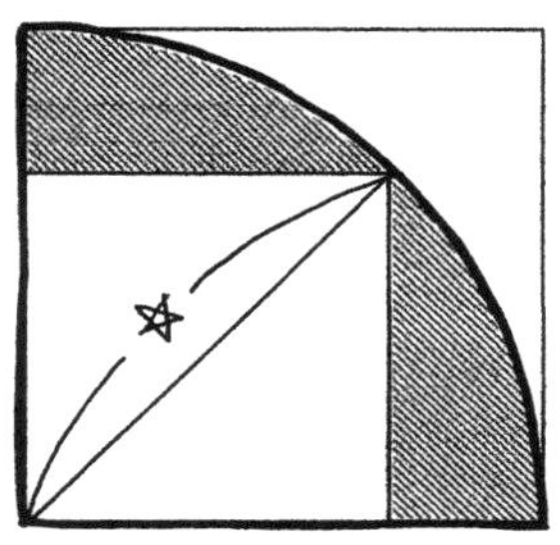

おうぎ形

$= \underbrace{☆ \times ☆}_{200} \times 3.14 \times \frac{1}{4}$

$= 157\ cm^2$

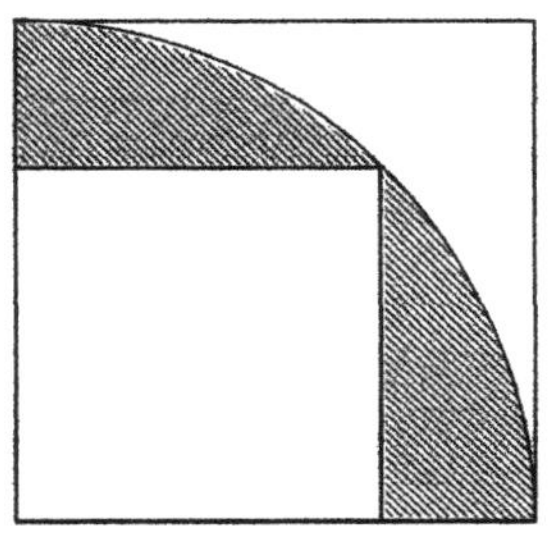

斜線

$= \underbrace{157}_{おうぎ形} - \underbrace{100}_{正方形}$

$= 57\ cm^2$

問題は 018 ページ参照

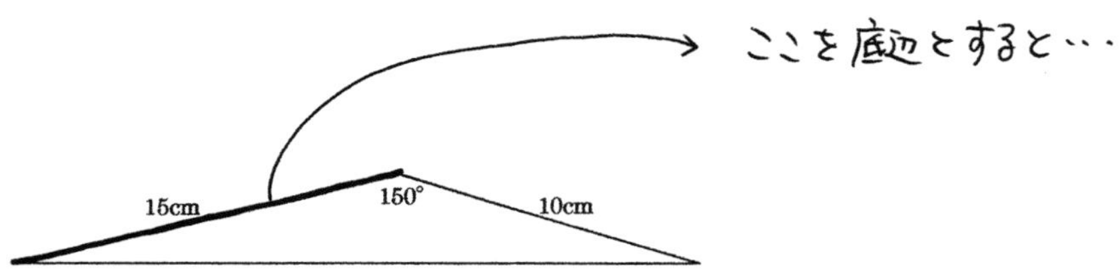

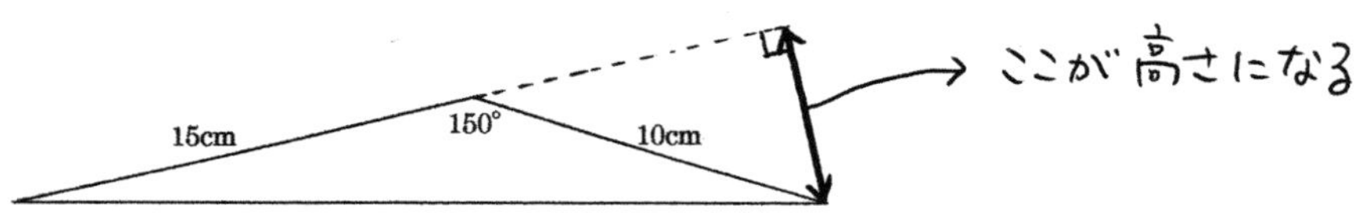

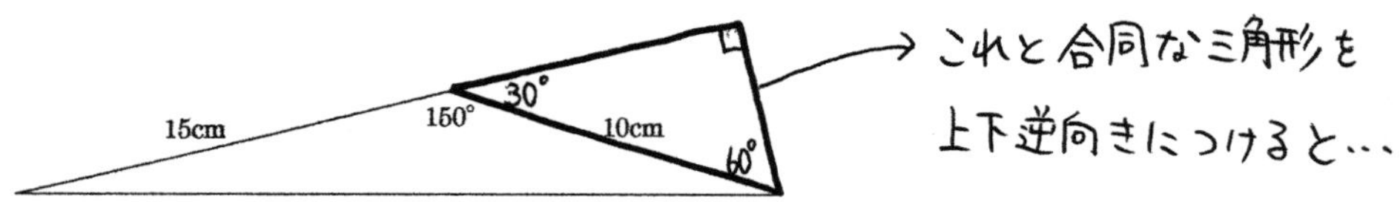

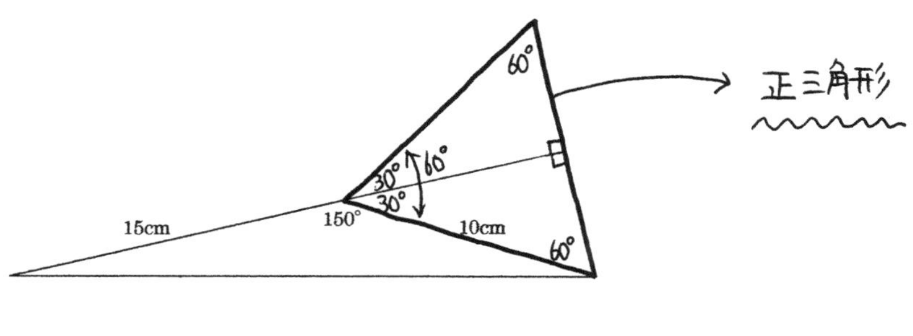

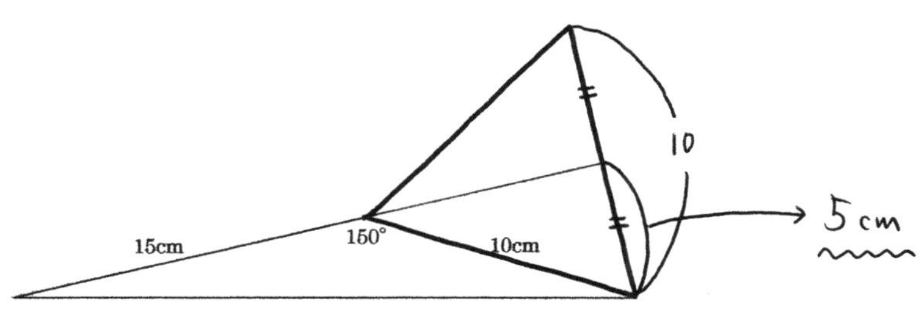

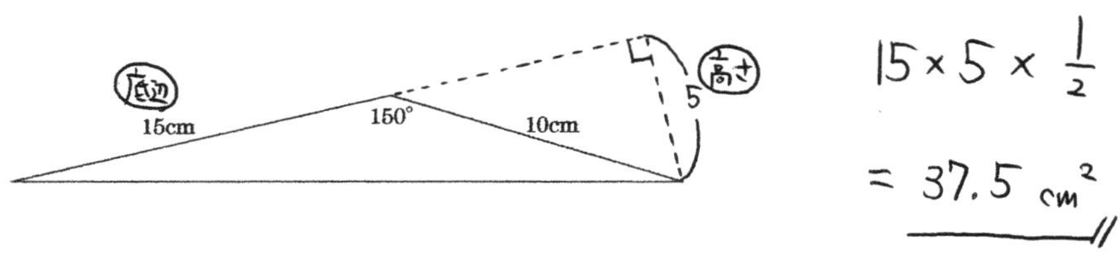

$15 \times 5 \times \frac{1}{2}$

$= 37.5 \text{ cm}^2$

問題は 019 ページ参照

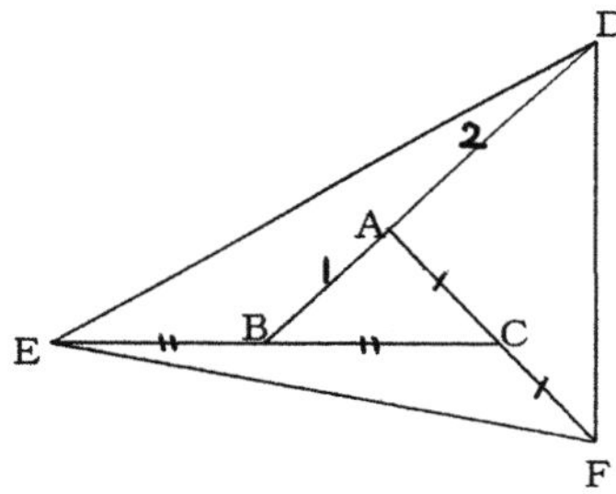

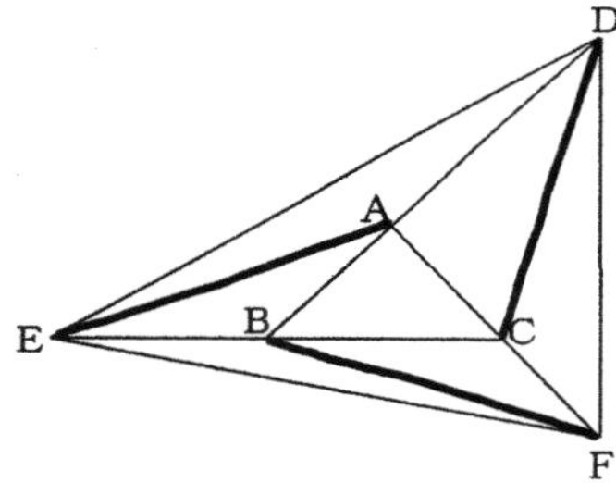

補助線を引いて…

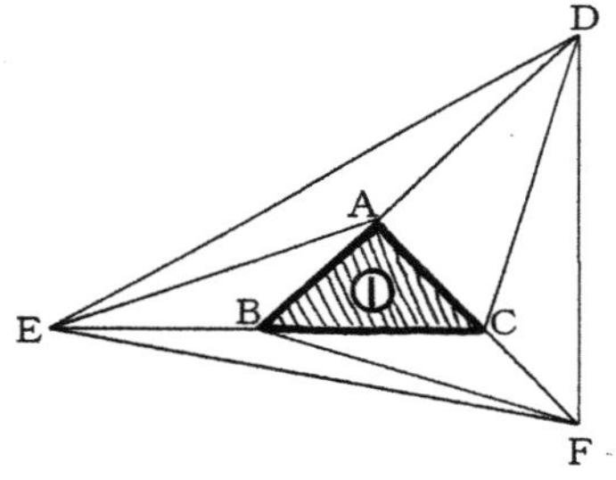

△ABC = ① とする

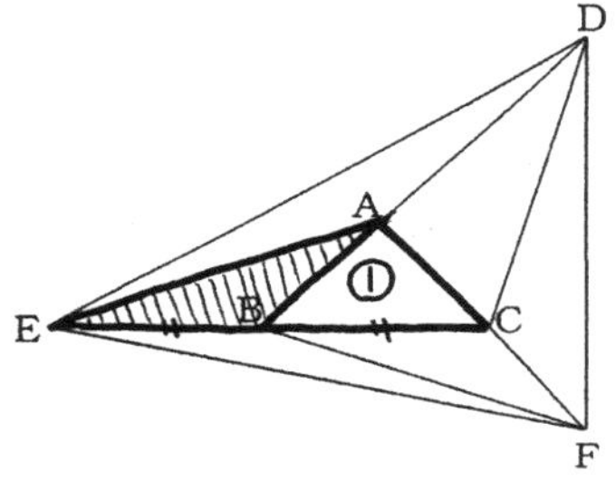

EB = BC より

△AEB = △ABC

→ △AEB = ①

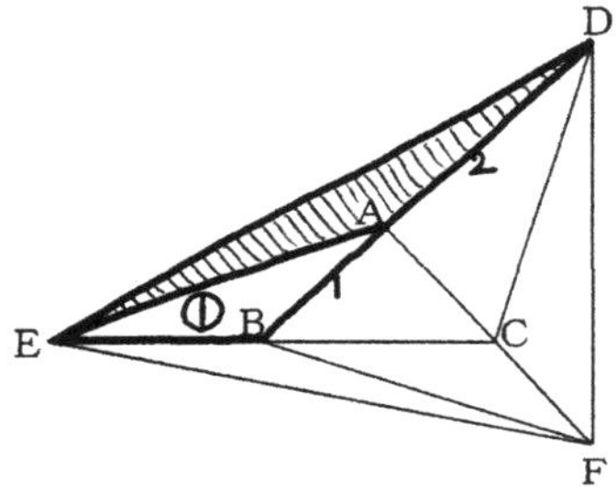

BA : AD = 1 : 2 より

△EBA : △EAD = 1 : 2

→ △EAD = ②

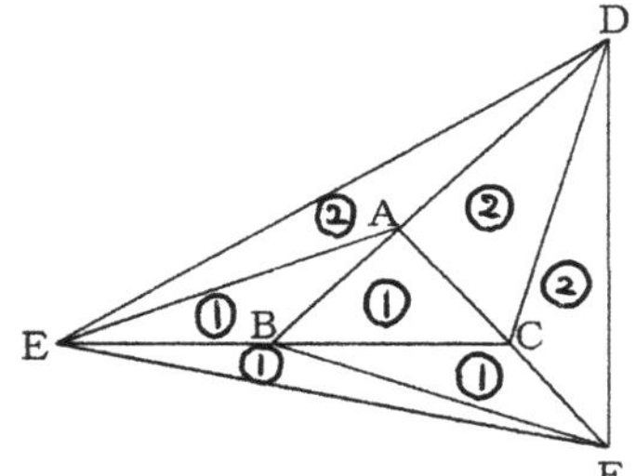

同様にして 残りの三角形

の面積を求めていくと，

△DEF = ⑩

よって，⑩ ÷ ① = 10(倍)

〈別解〉

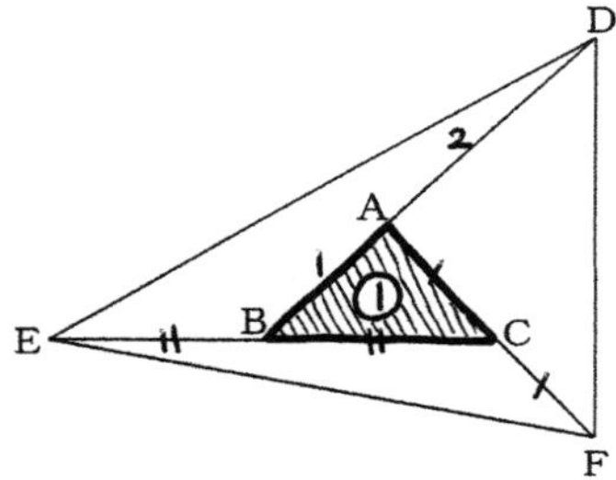

△ABC = ① とする

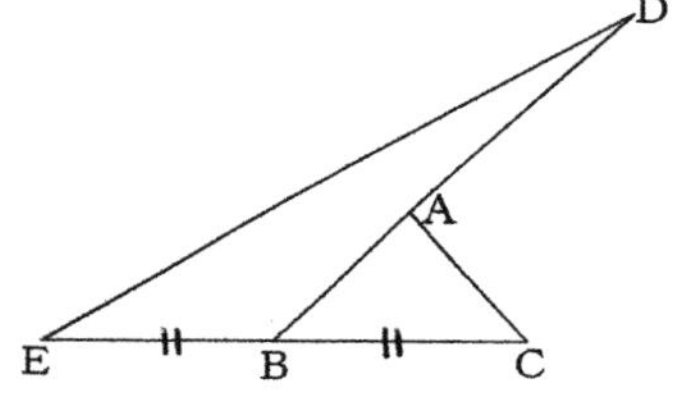

△DEB と △ABC で

底辺の比は

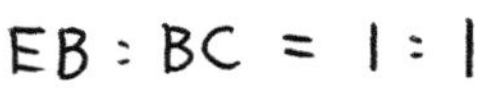

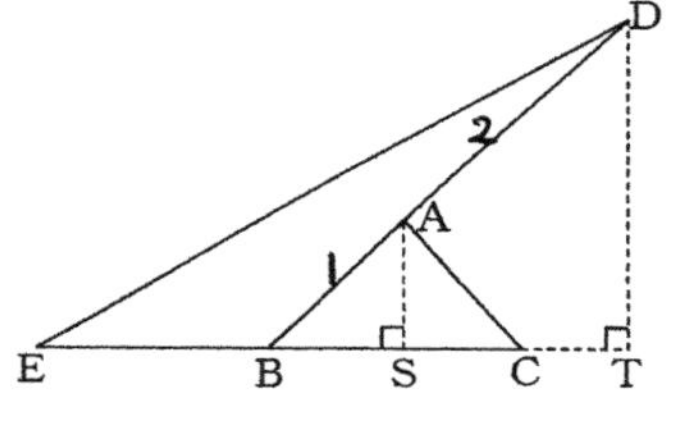

高さの比は

DT : AS

= DB : AB

= 3 : 1

（△BAS と △BDT が相似なので）

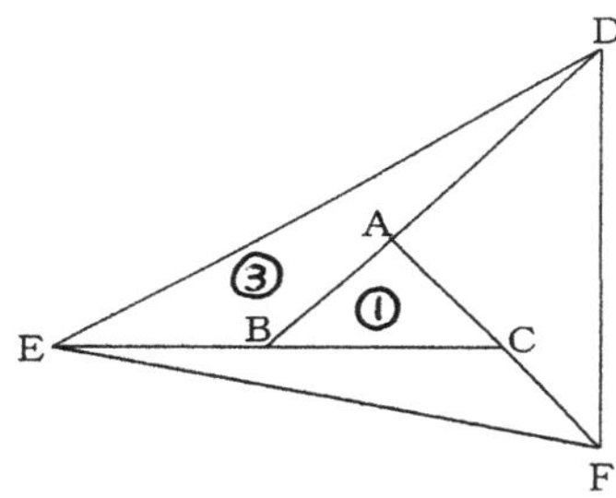

△DEBと△ABCの

面積の比は

$1\times3 : 1\times1 = 3:1$

→ △DEB＝③

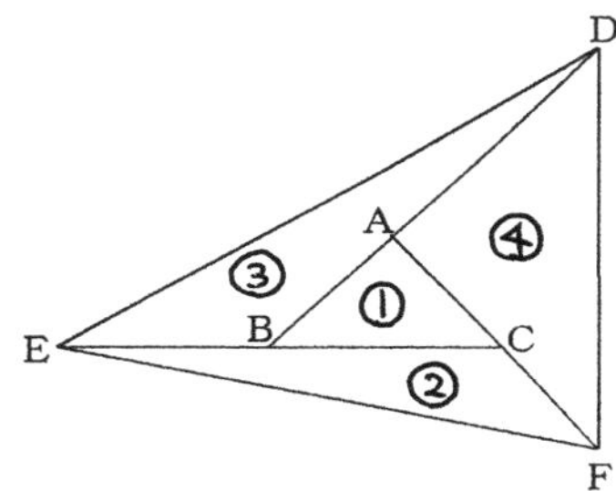

同様にして 残りの三角形

の面積を求めていくと,

△EFC＝②

△FDA＝④

→ △DEF＝⑩

よって, ⑩÷①＝10(倍)

12 問題は 019 ページ参照

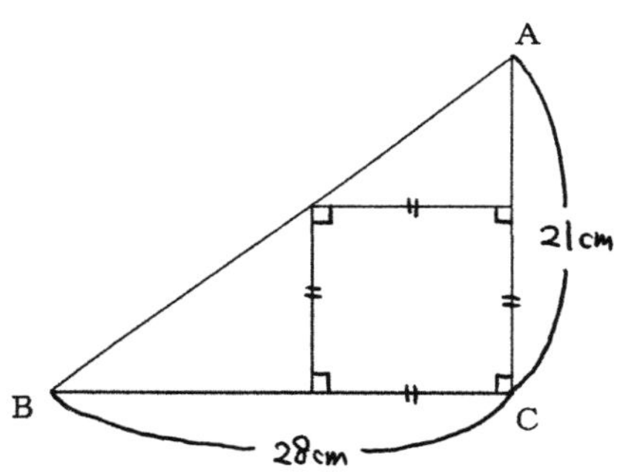

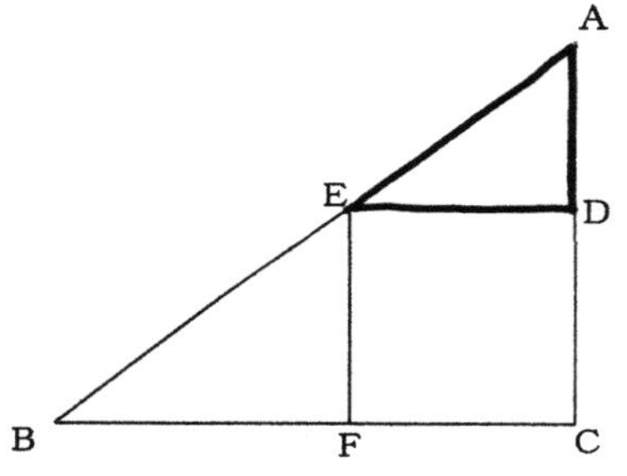

△AED と △ABC は相似なので、

AD : ED = AC : BC

= 21 : 28

= 3 : 4

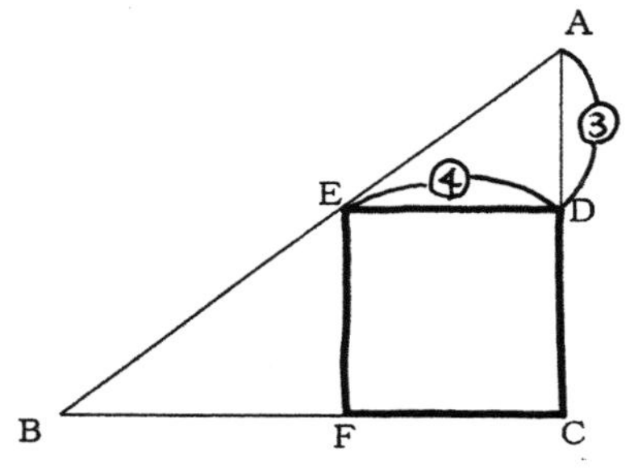

AD = ③、ED = ④ とすると、

四角形 CDEF は正方形なので DC = ED

→ DC = ④

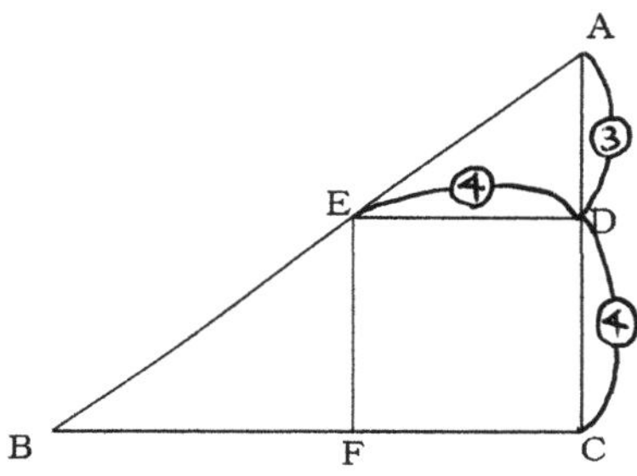

AC = 21cm より

③ + ④ = 21

→ ① = 3

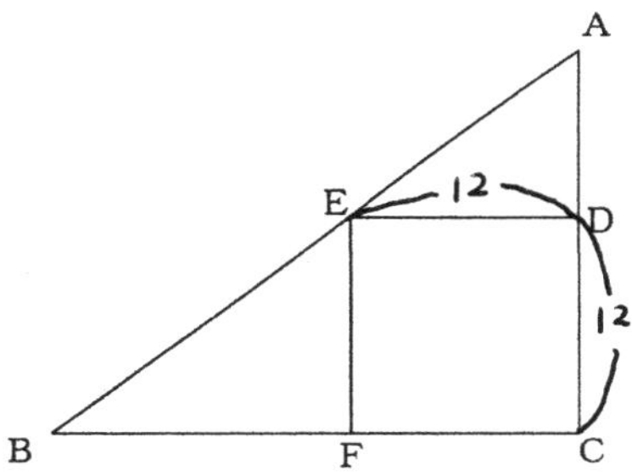

正方形の1辺は

④ = 12 cm

よって, 12 × 12 = 144 (cm²)

13 問題は 020 ページ参照

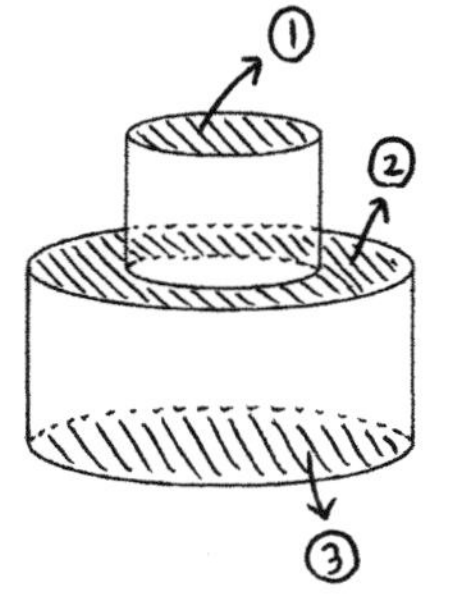

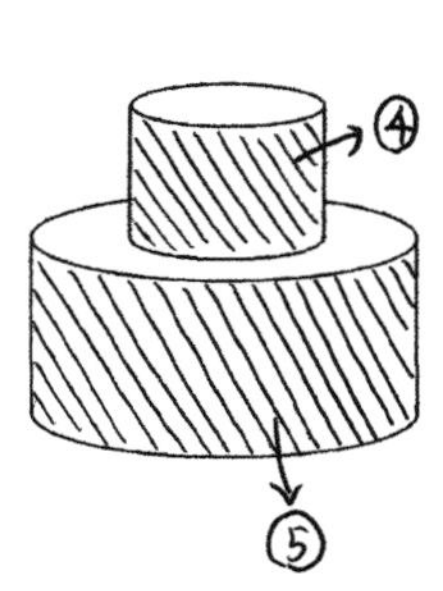

①～⑤の合計
を求める。

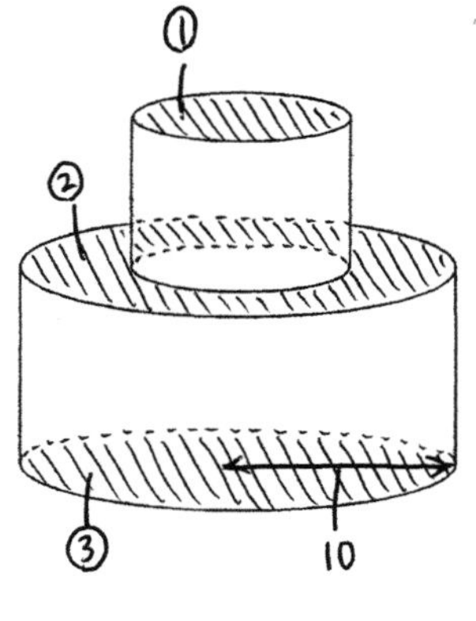

①+②

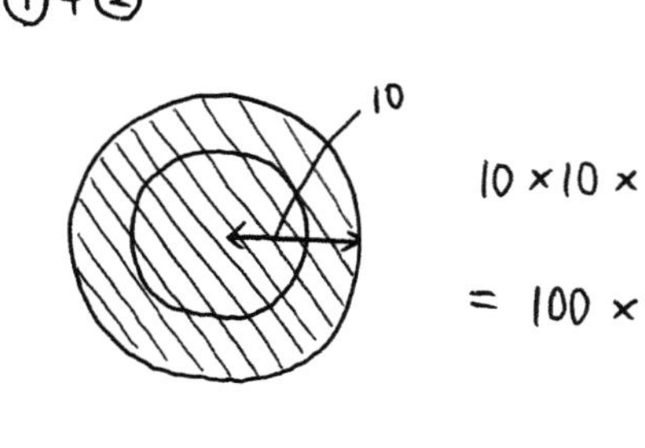

③ → 100×3.14

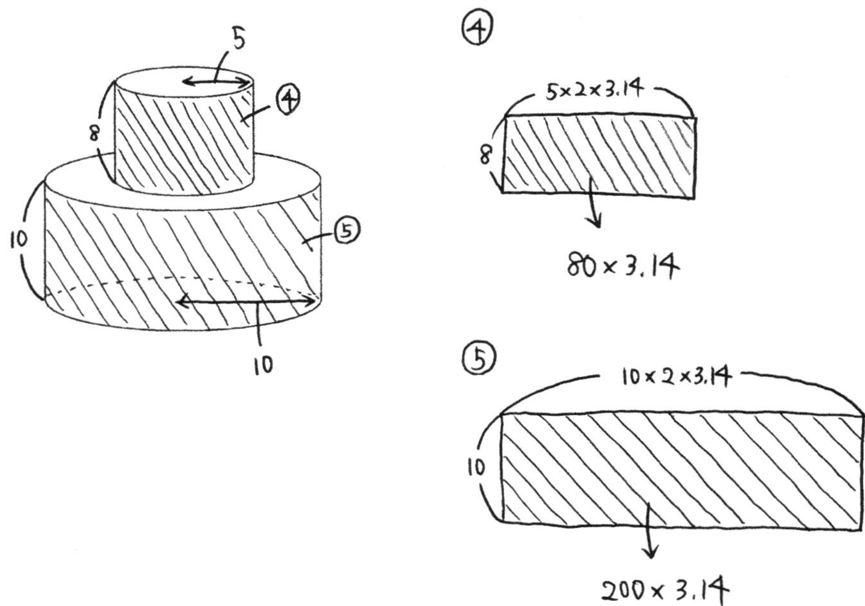

よって，　表面積（①～⑤の合計）

$= (100 + 100 + 80 + 200) \times 3.14$

$= \underline{1507.2\ \text{cm}^2}$

14 問題は 020 ページ参照

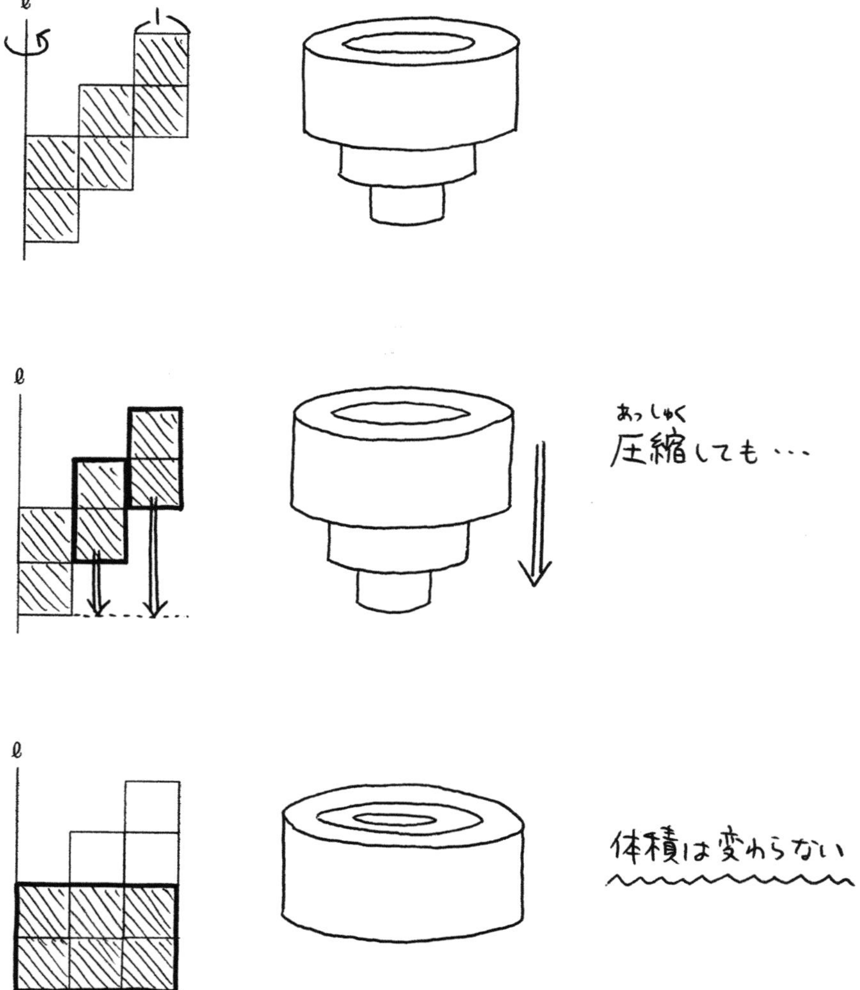

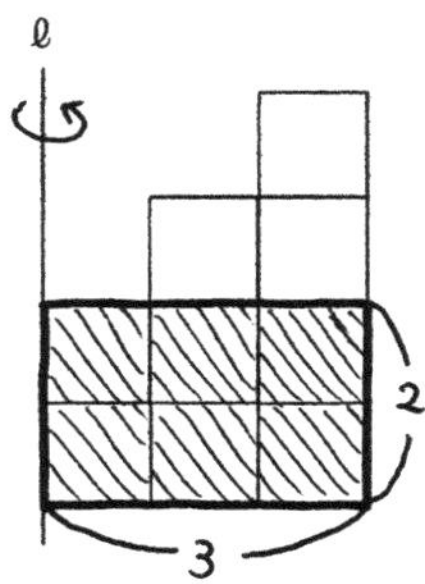

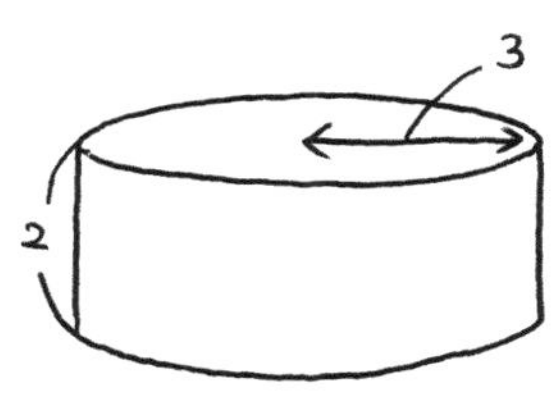

体積は $3 \times 3 \times 3.14 \times 2 = 56.52\ \text{cm}^3$

〈別解〉

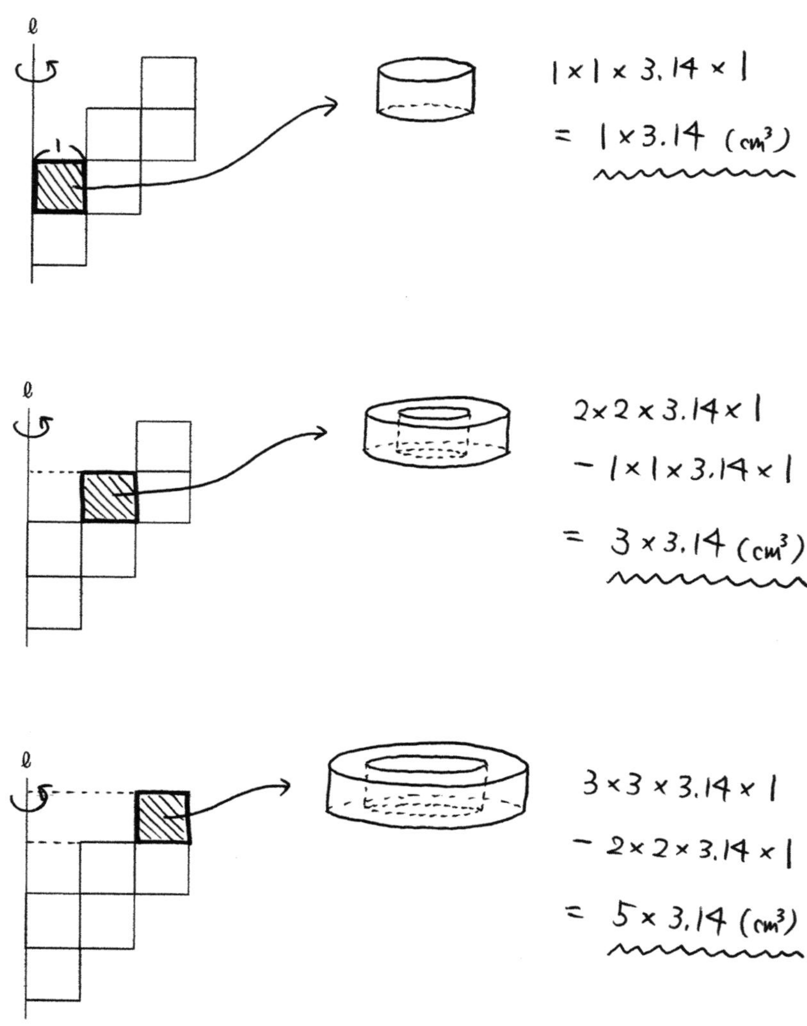

ℓ
1
1×1×3.14×1
= 1×3.14 (cm³)
ℓ
2×2×3.14×1
− 1×1×3.14×1
= 3×3.14 (cm³)
ℓ
3×3×3.14×1
− 2×2×3.14×1
= 5×3.14 (cm³)

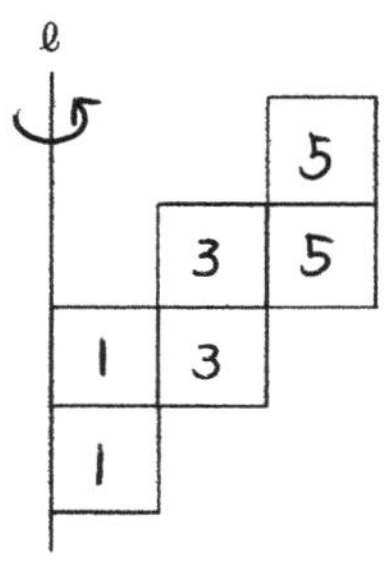

体積は.

$(1\times2+3\times2+5\times2)\times3.14$

$=18\times3.14$

$=\underline{56.52\ cm^3}$

15 問題は 021 ページ参照

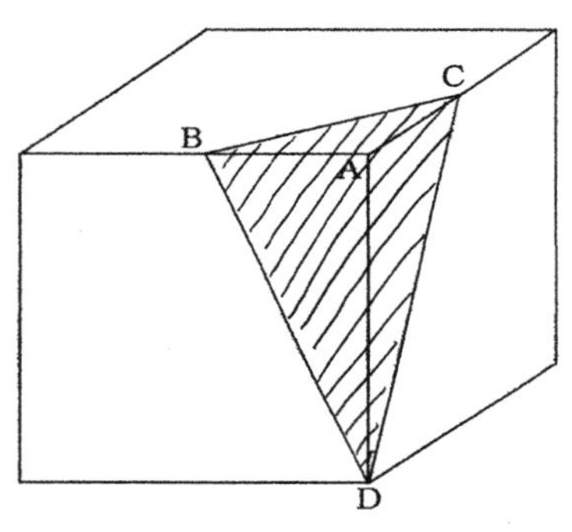

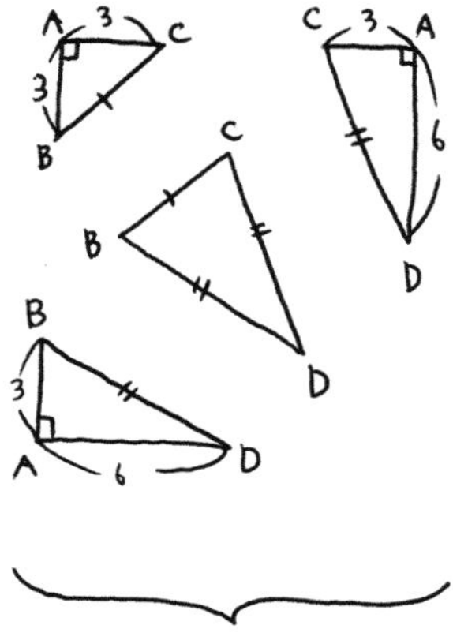

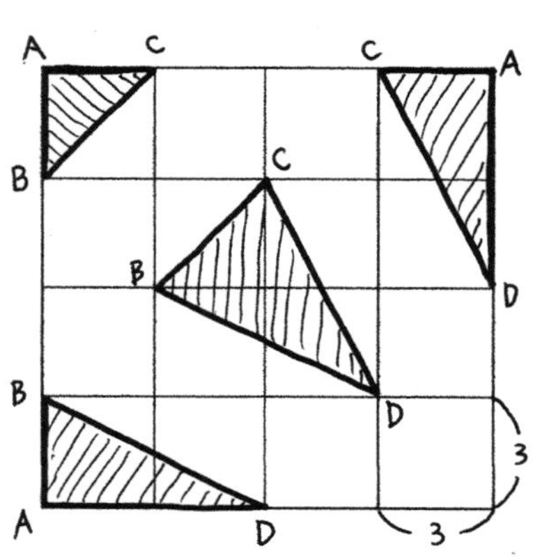

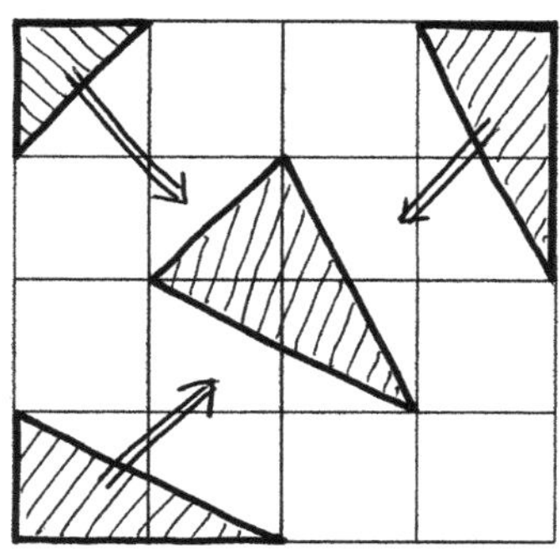

中央に集めると…

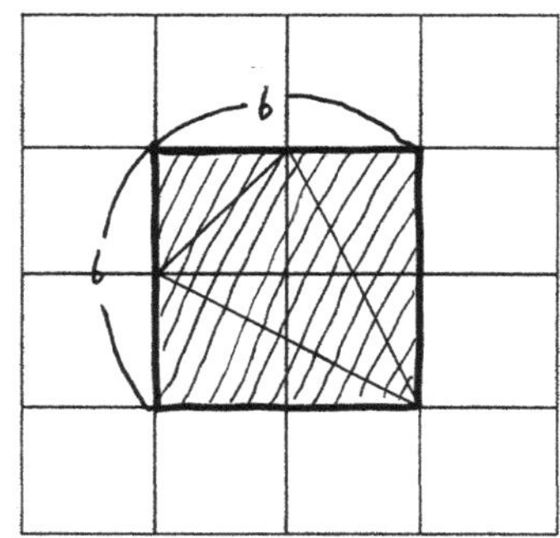

正方形になる

よって、

表面積 = 6×6

= 36 cm²

〈参考〉

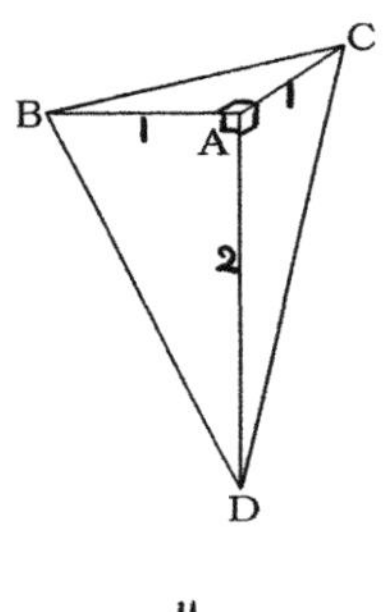

図のような三角すい

$$\left(\begin{array}{l} \angle BAC = \angle BAD = \angle CAD = 90^\circ \\ AB : AC : AD = 1 : 1 : 2 \end{array} \right)$$

の展開図は、正方形になります。

⇓

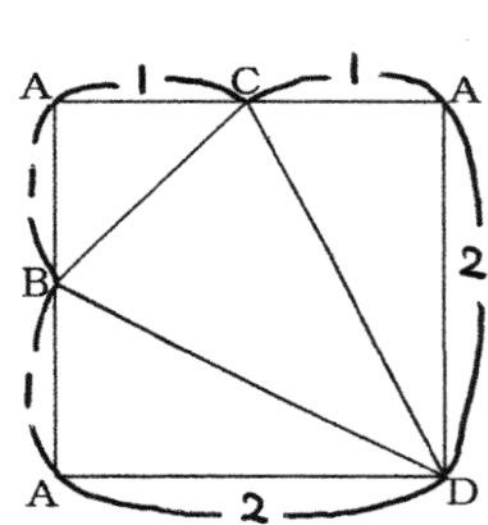

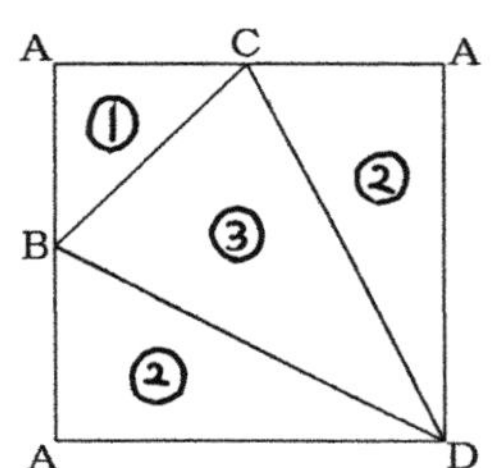

また、面積の比は

図のようになります。(☆)

〈補充問題〉

15 の設定で，△BCDを底面としたときの三角すいA−BCDの高さを求めなさい。

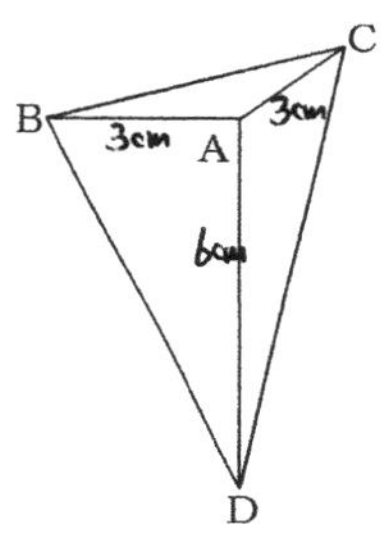

三角すいA−BCDの体積

$= 3 \times 3 \times \frac{1}{2} \times 6 \times \frac{1}{3}$

$= 9\text{cm}^3$

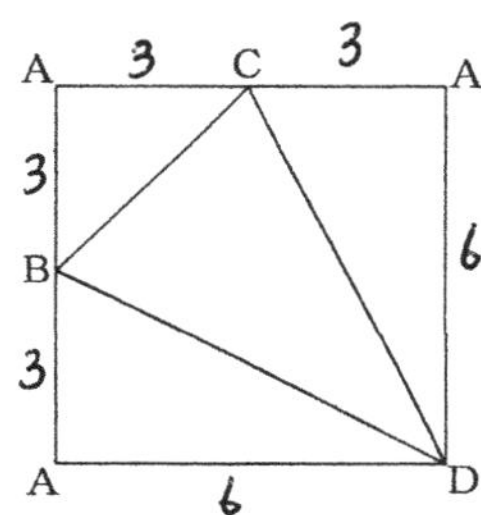

△BCD

$= 6 \times 6 - \left(3 \times 3 \times \frac{1}{2} + 6 \times 3 \times \frac{1}{2} \times 2\right)$

$= 13.5\text{cm}^2$

（☆より $6 \times 6 \times \frac{3}{1+2+2+3} = 13.5$ と求めてもよい。）

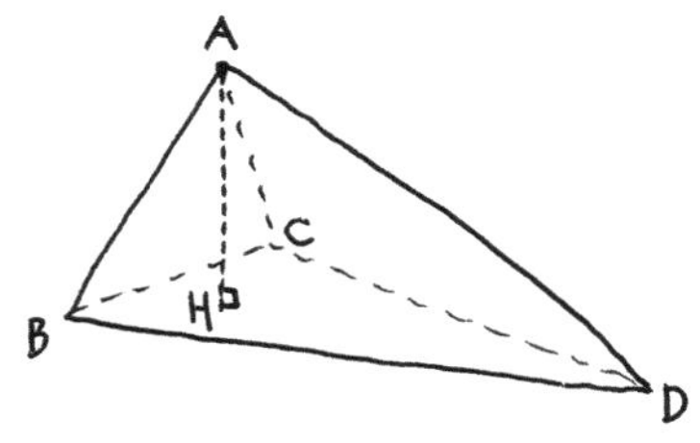

△BCDを底面としたときの高さ（AH）を□cmとすると，

$13.5 \times \square \times \frac{1}{3} = 9$

よって，□＝2（cm）

16　問題は 021 ページ参照

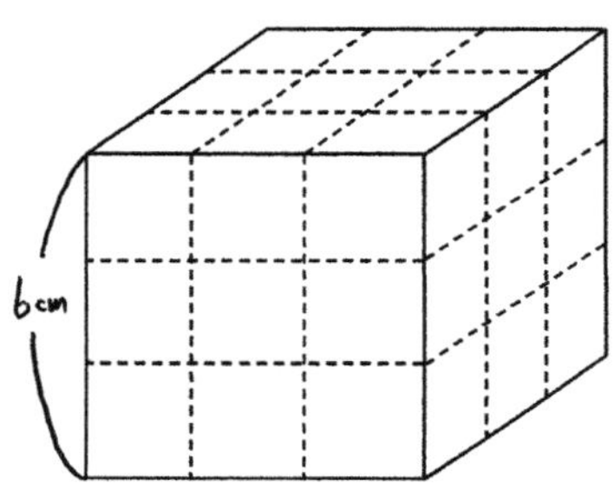

くり抜かれる前の体積は

$6 \times 6 \times 6 = 216$ cm^3

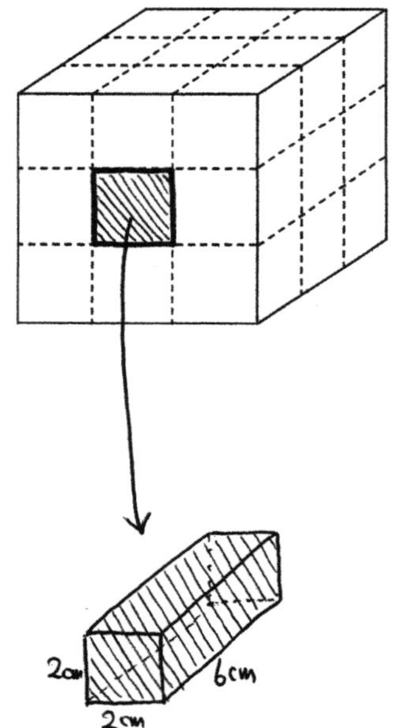

正方形の穴をあけた後の体積は、

$216 - 2 \times 2 \times 6 = 192$ cm^3

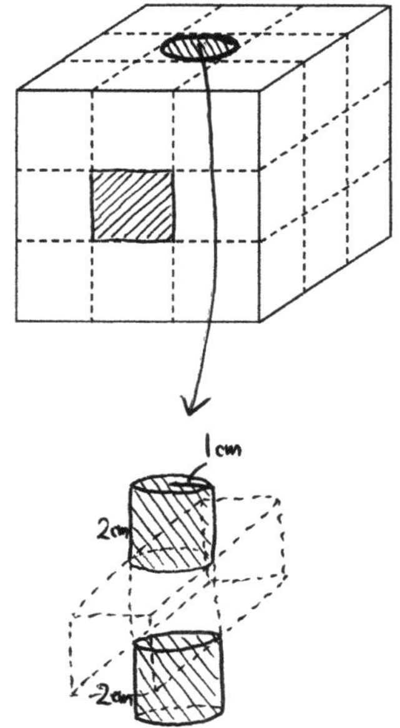

円の穴をあけた後の体積は,

$192 - 1 \times 1 \times 3.14 \times 2 \times 2$

$= \underline{179.44\ cm^3}$

※ 2つの穴が重なる部分に
注意して求めましょう。

〈別解〉

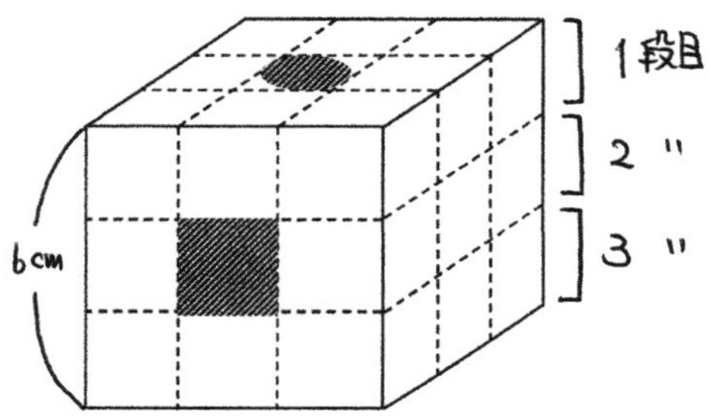

1段目

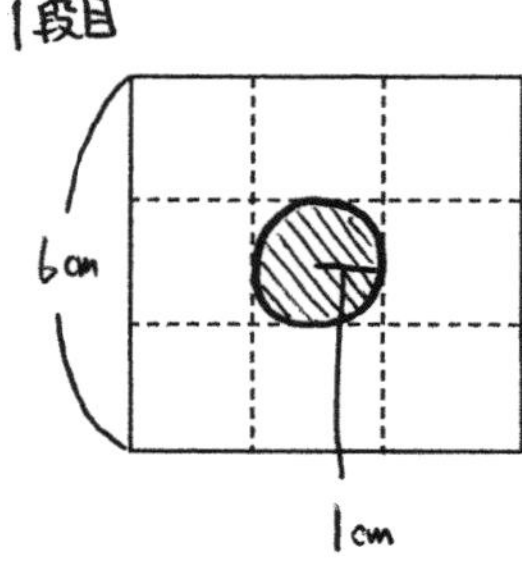

$$\underbrace{(6\times6-1\times1\times3.14)}_{\text{底面積}}\times\underbrace{2}_{\text{高さ}}$$

$$=65.72\ \text{cm}^3$$

2段目

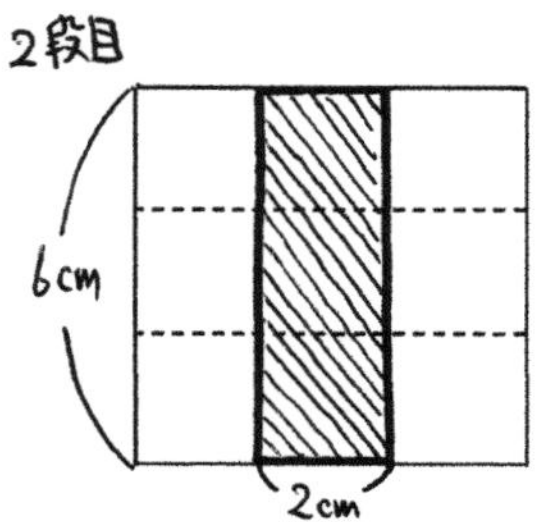

$$(6\times6-2\times6)\times2$$

$$=48\ \text{cm}^3$$

3段目

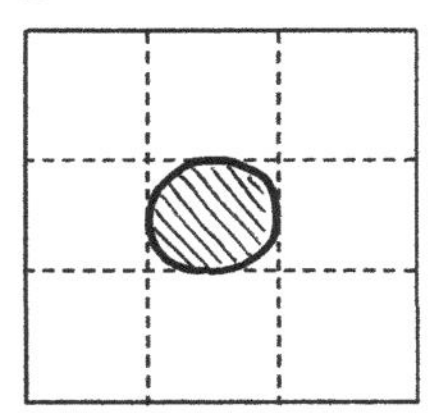

1段目と同じなので

65.72 cm^3

よって，全体の体積は，

$65.72 \times 2 + 48 = \underline{179.44\ cm^3}$

17 問題は022ページ参照

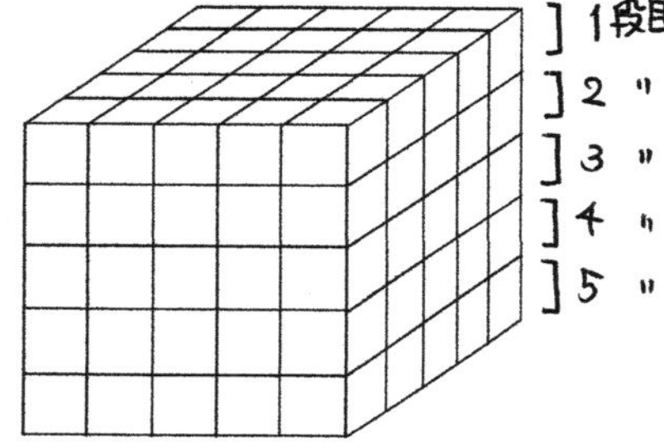

1段ごとに
「色がぬられている面の数」
を調べていく。

1段目

3	2	2	2	3
2	1	1	1	2
2	1	1	1	2
2	1	1	1	2
3	2	2	2	3

1面 → 9個
2 〃 → 12 〃
3 〃 → 4 〃
0 〃 → 0 〃

2段目

2	1	1	1	2
1	0	0	0	1
1	0	0	0	1
1	0	0	0	1
2	1	1	1	2

1面 → 12個
2 〃 → 4 〃
3 〃 → 0 〃
0 〃 → 9 〃

3, 4段目 → 2段目と同じ

5段目 → 1段目と同じ（上下が逆になっただけ）

よって,

1面 → $\underset{1,5段目}{\underline{9 \times 2}} + \underset{2〜4段目}{\underline{12 \times 3}} = \underline{54個}$ (1)

2面 → $12 \times 2 + 4 \times 3 = \underline{36個}$ (2)

3面 → $4 \times 2 + 0 \times 3 = \underline{8個}$ (3)

0面 → $0 \times 2 + 9 \times 3 = \underline{27個}$ (4)

〈別解〉

(1) 1面にぬられているもの

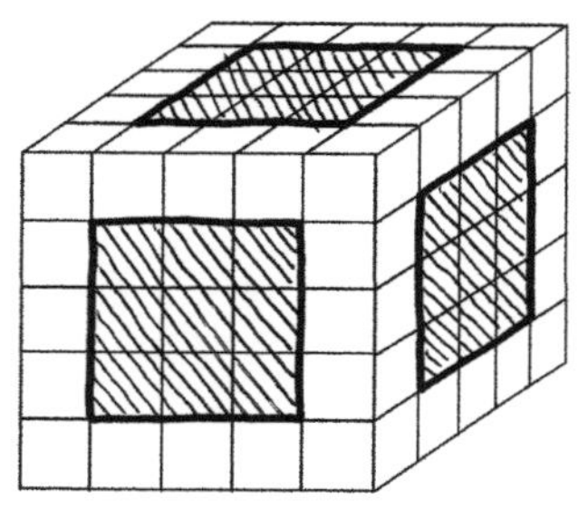

大きな立方体の各面に 9個ずつあるので、

$9 \times 6 = 54$ 個

（6：大きな立方体の面の数）

(2) 2面にぬられているもの

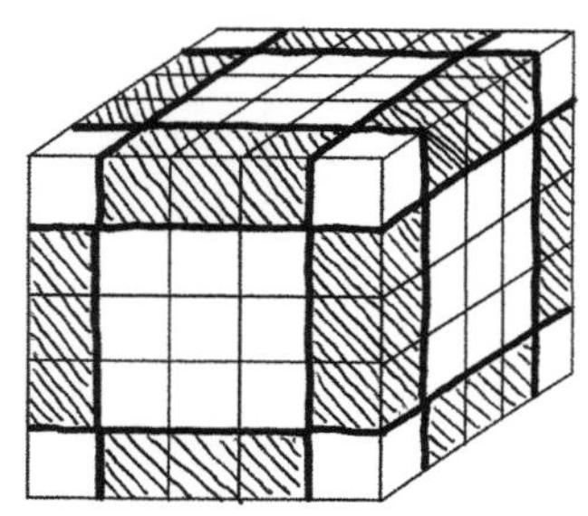

大きな立方体の各辺に 3個ずつあるので、

$3 \times 12 = 36$ 個

（12：大きな立方体の辺の数）

(3) 3面にぬられているもの

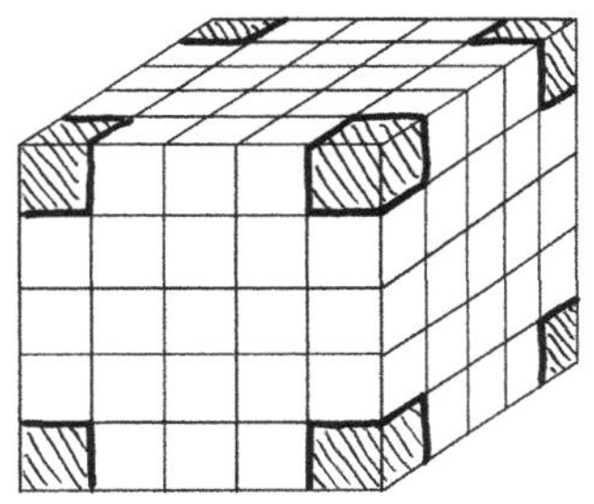

大きな立方体の頂点にあるので、 8個

(4) ぬられていないもの

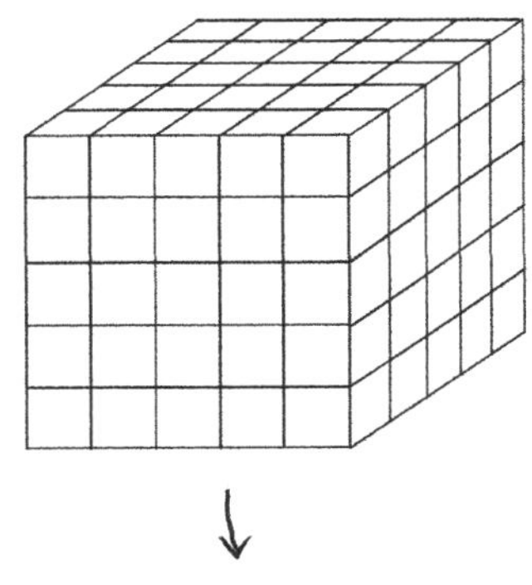

5×5×5 − (54＋36＋8)
全体　1〜3面にぬられているもの

＝ 27個

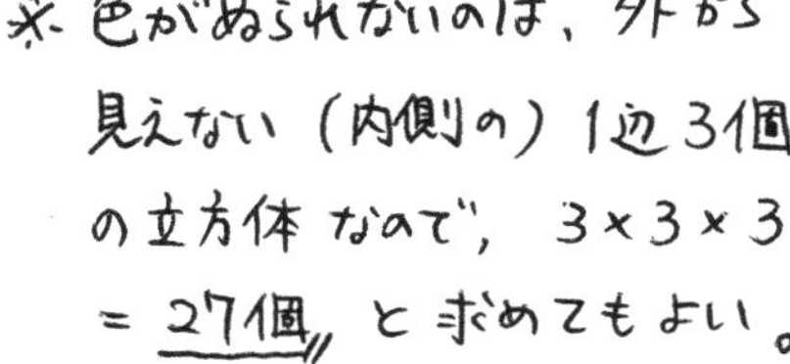
※ 色がぬられないのは、外から
見えない（内側の）1辺3個
の立方体なので、3×3×3
＝27個 と求めてもよい。

18 問題は 023 ページ参照

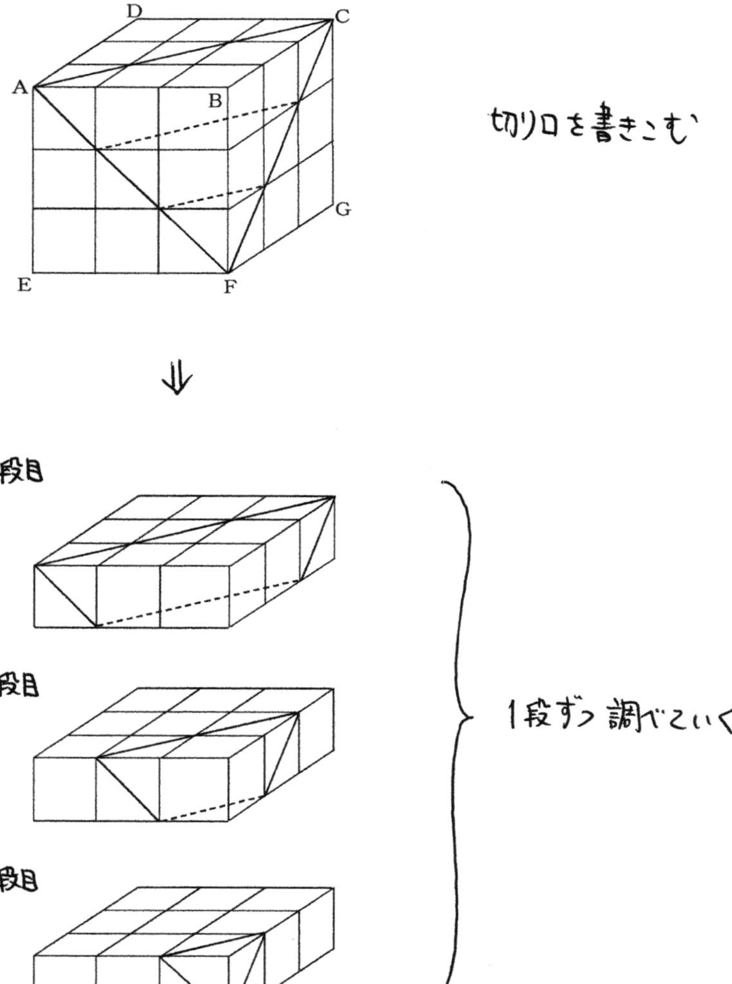

1段目

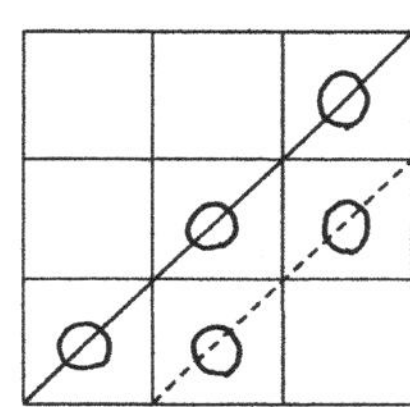

直線から点線に向けて切る

→ 切断される立方体（○印）は5個

2段目

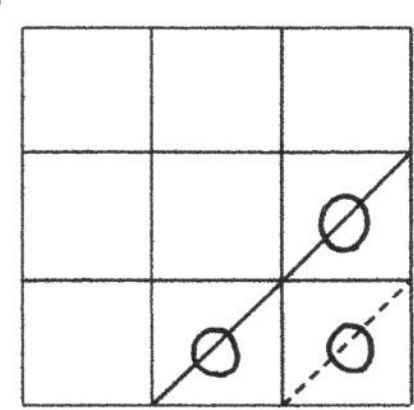

直線から点線に向けて切る

→ 切断される立方体は3個

3段目

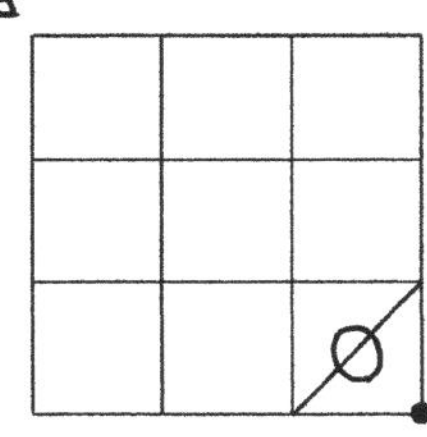

直線から●に向けて切る

→ 切断される立方体は1個

よって，全体では 5+3+1 = 9個

19 問題は024ページ参照

切断のルール

① 同じ面にある2点→結ぶ

② 面が平行→切り口も平行

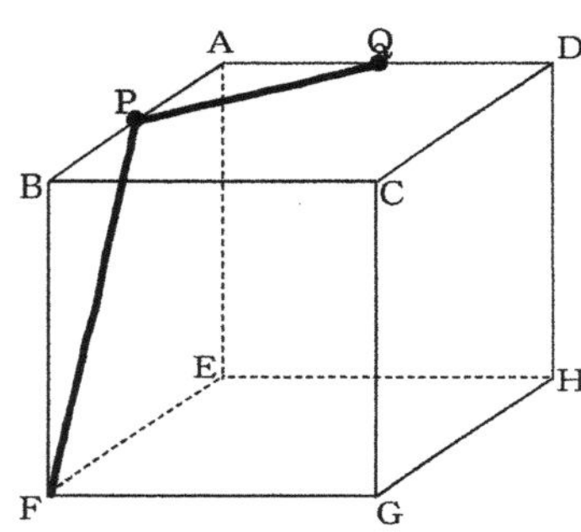

PとQ，PとFは同じ面にある

→PQ，PFを結ぶ（ルール①）

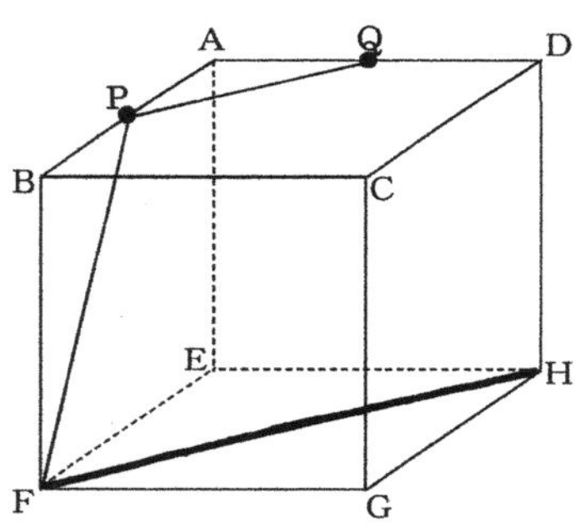

上の面（ABCD）と下の面（EFGH）は平行

→下の面の切り口はFH（ルール②）

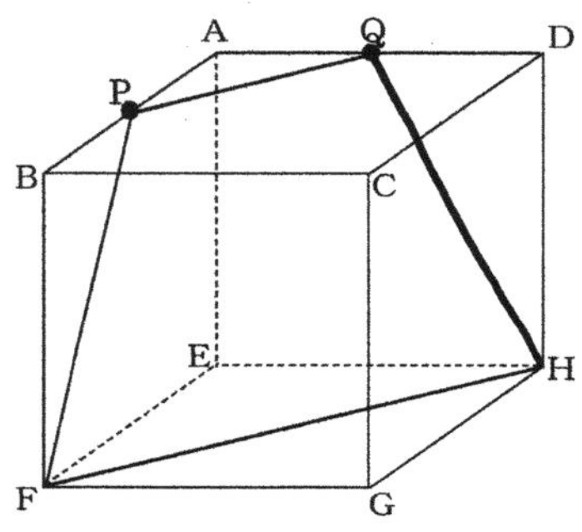

QとHは同じ面にある

→QHを結ぶ（ルール①）

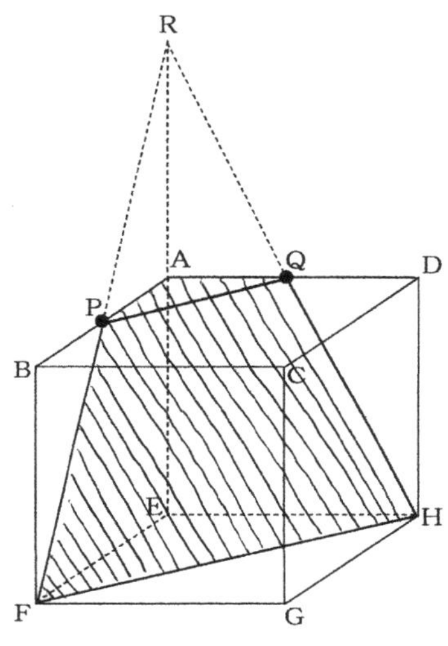

点Eを含む立体（斜線）

＝ 大きな三角すい（R－EFH）

－ 小さな三角すい（R－APQ）

で求める。

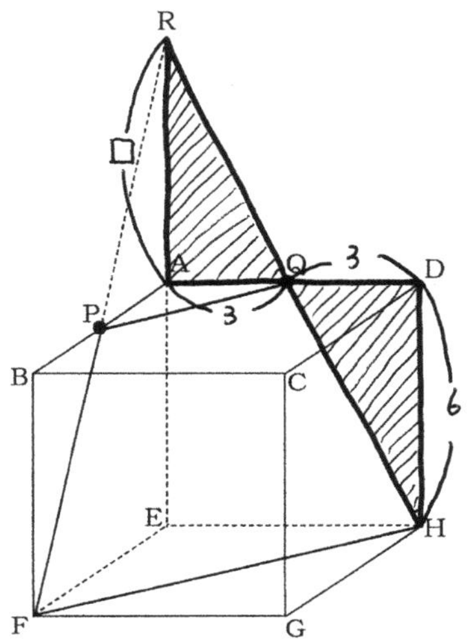

△RAQ と △HDQ は合同

→ □＝6（cm）

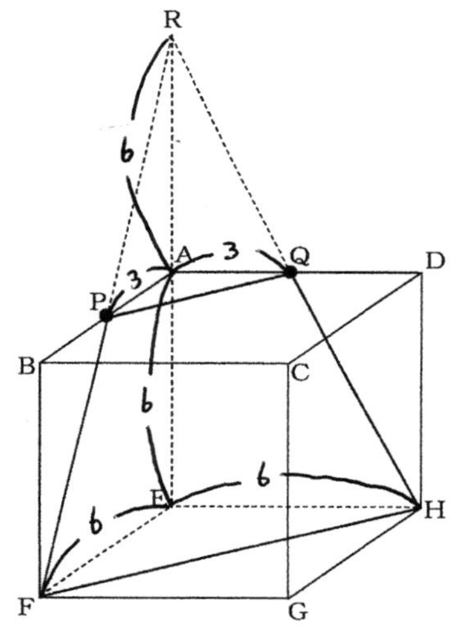

点Eを含む立体

$$= \underbrace{6 \times 6 \times \frac{1}{2} \times 12 \times \frac{1}{3}}_{\text{三角すい R-EFH}}$$

$$- \underbrace{3 \times 3 \times \frac{1}{2} \times 6 \times \frac{1}{3}}_{\text{三角すい R-APQ}}$$

$$= 63\ (\mathrm{cm}^3)$$

〈別解〉

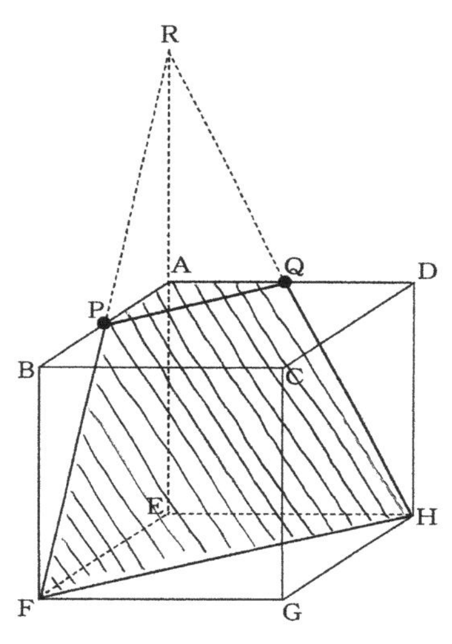

三角すいR－APQと三角すいR－EFH

は相似で，相似比は 1：2

→ 体積比は

$1\times1\times1 : 2\times2\times2 = 1:8$

→ 三角すいR－APQと点Eを含む

立体（斜線）の体積比は

$1:(8-1) = 1:7$

よって，点Eを含む立体の体積は

$\underbrace{3\times3\times\frac{1}{2}\times6\times\frac{1}{3}}_{\text{三角すいR－APQ}}\times7$

$= 63$ (cm³)

〈補充問題〉

切断面（PFHQ）の面積を求めなさい。

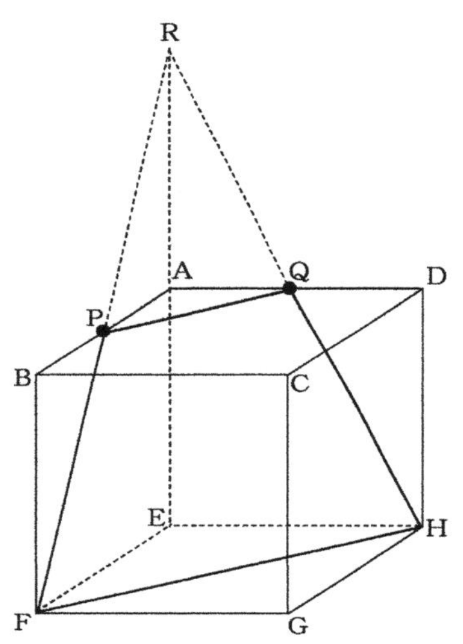

三角すいR－EFHの展開図は

下図のような正方形になる。

（図参照）

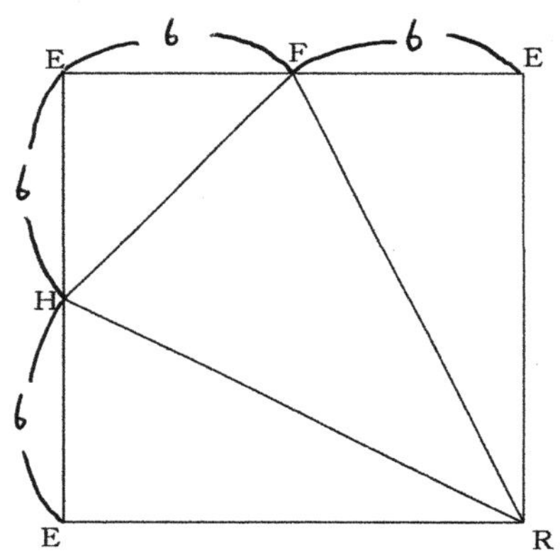

△RFHの面積は

$\underbrace{12\times12}_{\text{全体}}-\left(12\times6\times\frac{1}{2}\times2+6\times6\times\frac{1}{2}\right)$

$=54\text{cm}^2$

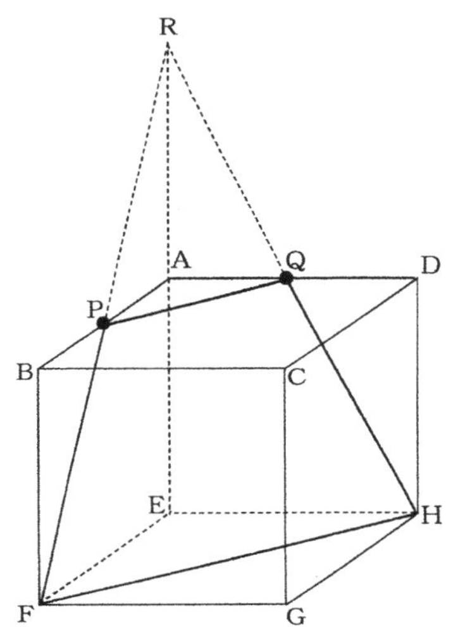

△RPQと△RFHは相似で

相似比は 1：2

→ 面積比は

$1\times1 : 2\times2 = 1:4$

→ △RFHと台形PFHQ

の面積比は

$4 : (4-1) = 4:3$

よって，切断面（PFHQ）の面積は

$54\times\frac{3}{4} = 40.5$ (cm²)

20 問題は 024 ページ参照

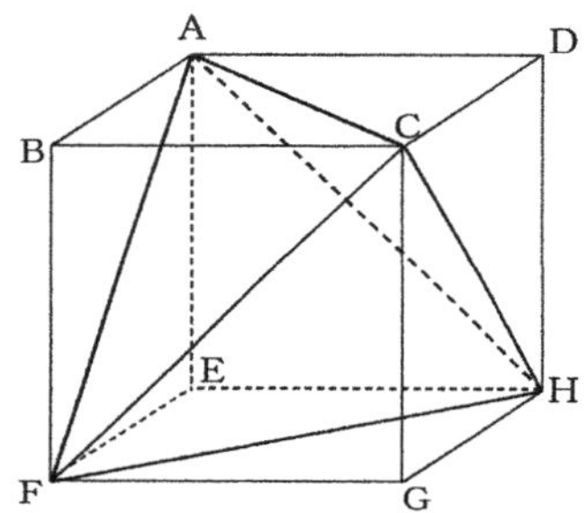

立体を分解すると
下のようになる。

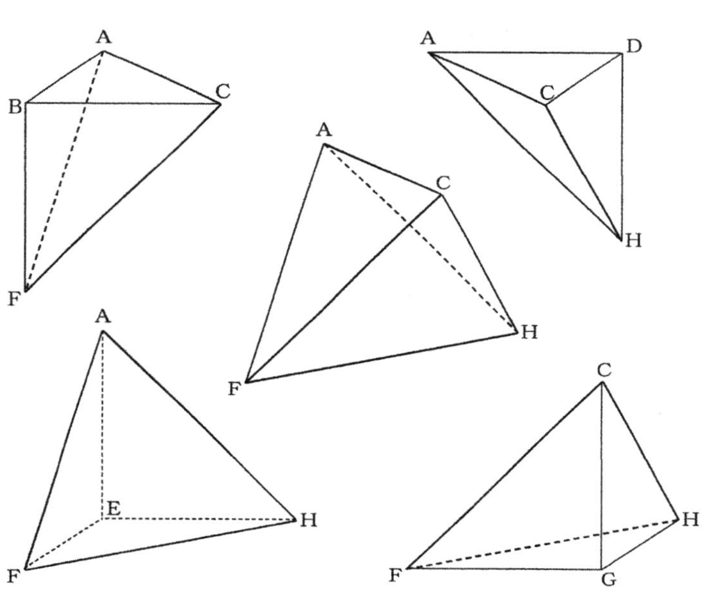

周りの三角すい(B-ACF, D-ACH, E-AFH, G-CFH)

は合同なので, 4点A, C, F, Hを頂点とする立体

(正四面体)の体積は,

$$\underbrace{6 \times 6 \times 6}_{\text{立方体}} - \underbrace{6 \times 6 \times \frac{1}{2} \times 6 \times \frac{1}{3}}_{\text{周りの三角すい(1個)}} \times 4$$

$= \underline{72\ (\mathrm{cm}^3)}$ //

※三角すいE-AFHの引き忘れに注意しましょう。

〈別解〉

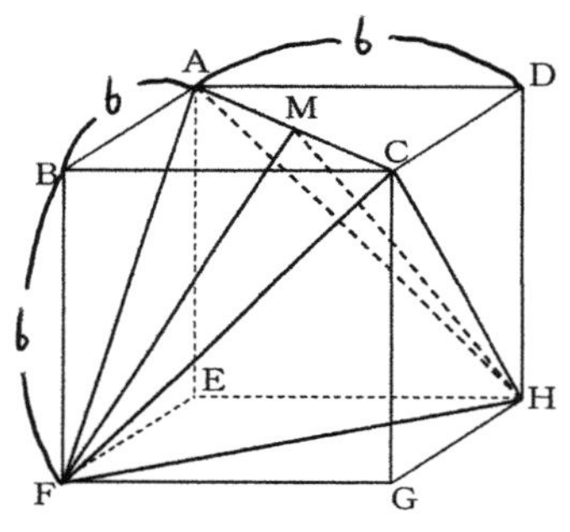

AM＝MC，AC＝FH＝□cm

とすると，

AM＝ □ × $\frac{1}{2}$ (cm)

△MFH ＝ □ × 6 × $\frac{1}{2}$
底辺(FH) 高さ

＝ □×3 (cm²)

三角すい A－MFH

＝ □×3 × □×$\frac{1}{2}$ × $\frac{1}{3}$
底面積(△MFH) 高さ(AM)

＝ □×□ × $\frac{1}{2}$ (cm³)

4点A，C，F，Hを頂点とする立体

＝ □×□×$\frac{1}{2}$ × 2
(三角すいA－MFHと三角すいC－MFHが合同なので)

＝ □×□ (cm³)

正方形ABCD = 6 × 6 = □ × □ ÷ 2
(対角線×対角線÷2)

→ □ × □ = 72

よって，立体の体積は 72 cm^3

2章

【上位校対策】

問題

問題21

AB ＝ BC ＝ CD です。角 x の大きさを求めなさい。

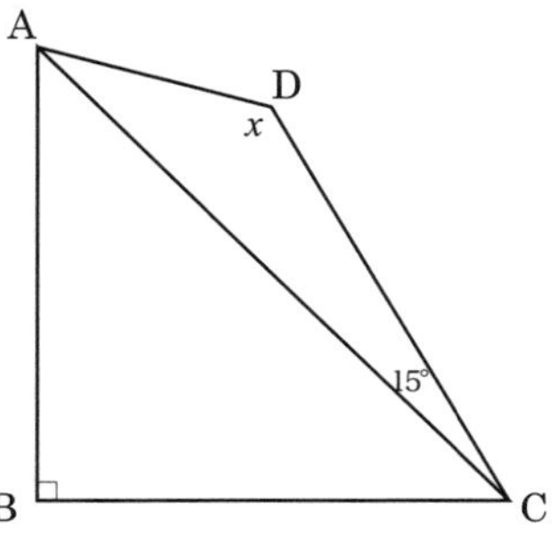

問題22

同じ大きさの３個の正方形が並んでいます。x と y の角度の和を求めなさい。

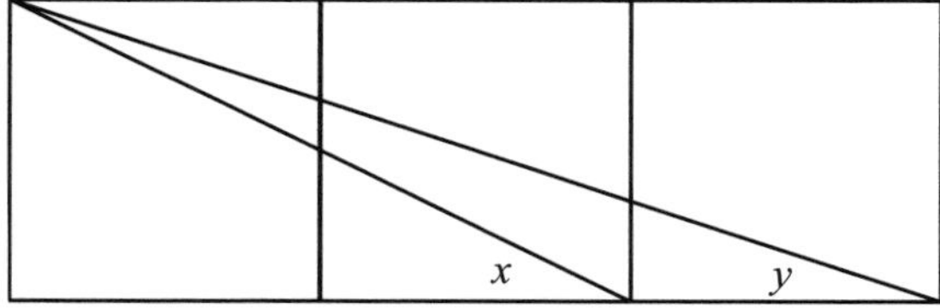

問題23

四角形ABCDは1辺が15㎝の正方形で、AF＝9㎝です。三角形AEFの面積を求めなさい。

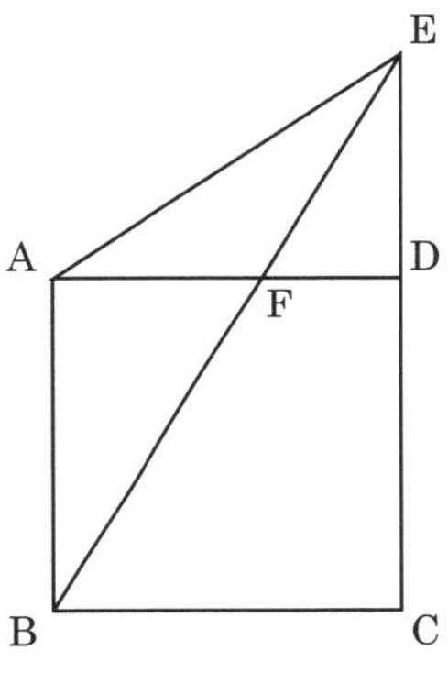

問題24

おうぎ形OAD、OBCの中心角は90°で、OA＝4㎝、AB＝7㎝、角OAB＝90°です。三角形OABと三角形OCDの面積の和を求めなさい。

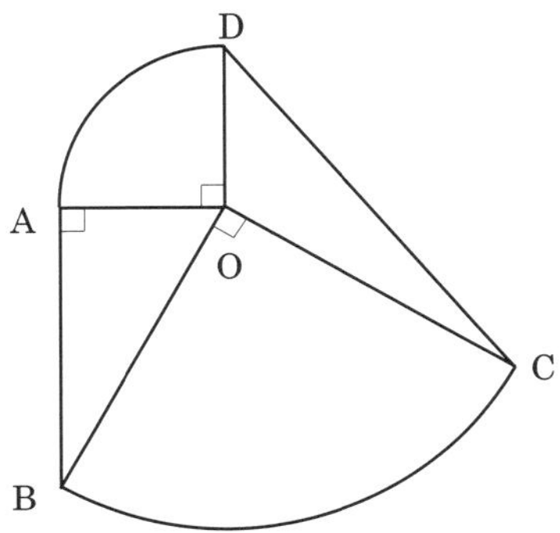

問題25

1辺が20㎝の正方形の各辺の真ん中の点をとり、図のように直線を引きました。斜線部分の面積を求めなさい。

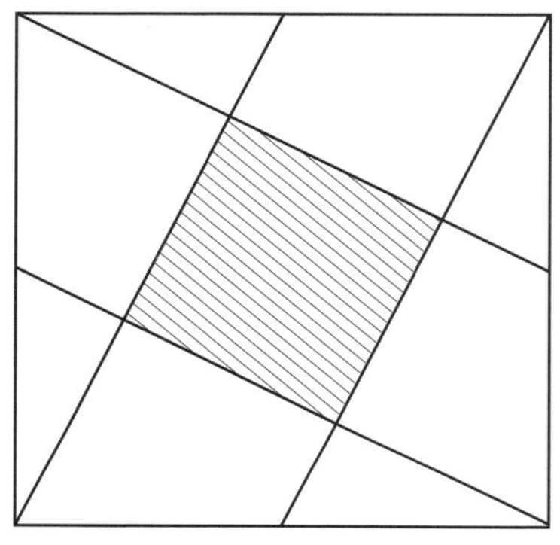

問題26

四角形ABCDはたて10㎝、横20㎝の長方形で、IG＝3㎝、HJ＝2㎝です。四角形EFGHの面積を求めなさい。

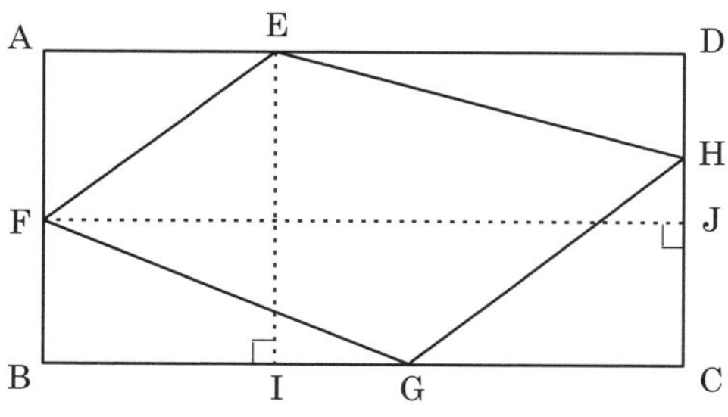

問題27

AD：DB＝3：2、AF：FC＝4：3のとき、BE：ECを求めなさい。

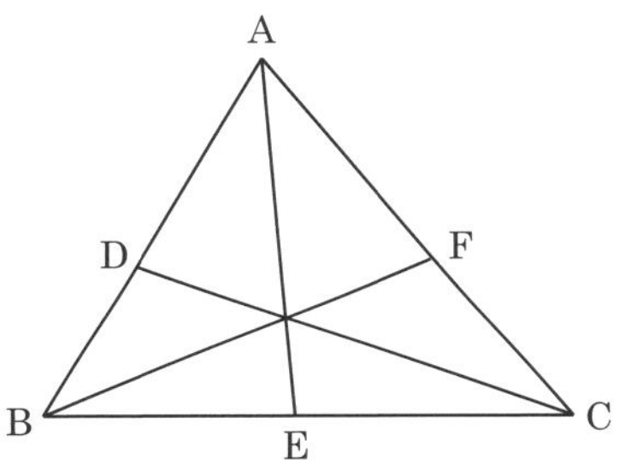

問題28

AC＝AD＝6㎝、BD＝CE＝3㎝です。四角形ACFDの面積を求めなさい。

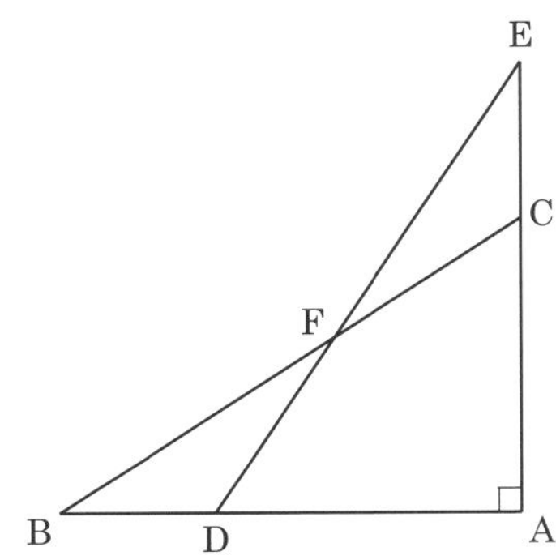

問題29

四角形 ABCD は平行四辺形で、E は BC の中点です。三角形 AFG の面積は、平行四辺形 ABCD の面積の何倍ですか。

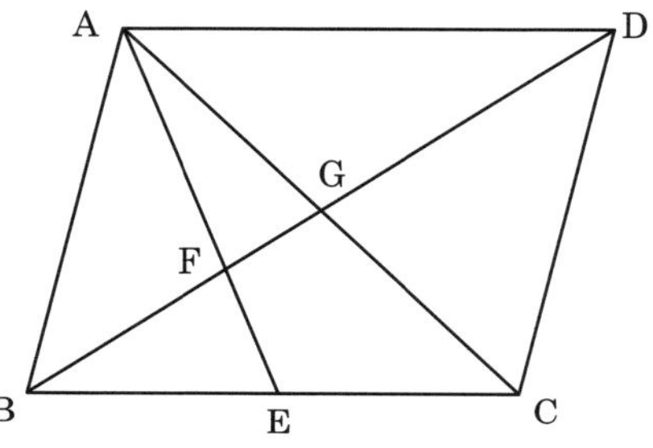

問題30

平行四辺形 ABCD の面積は 80㎠です。図のように、各辺を 2 等分、4 等分、5 等分した点を結んだとき、斜線部分の面積を求めなさい。

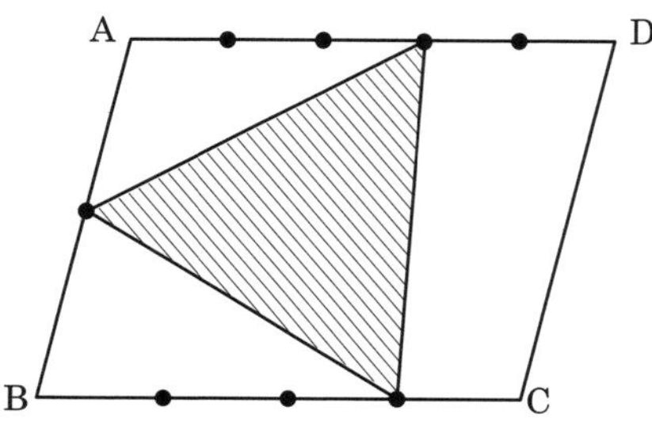

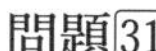

問題31

1辺2cmの立方体の各面の真ん中の点を結んでできる立体の体積を求めなさい。

問題32

1辺が2cmの正方形6個を並べた図形を、直線のまわりに回転させてできる立体の表面積を求めなさい。

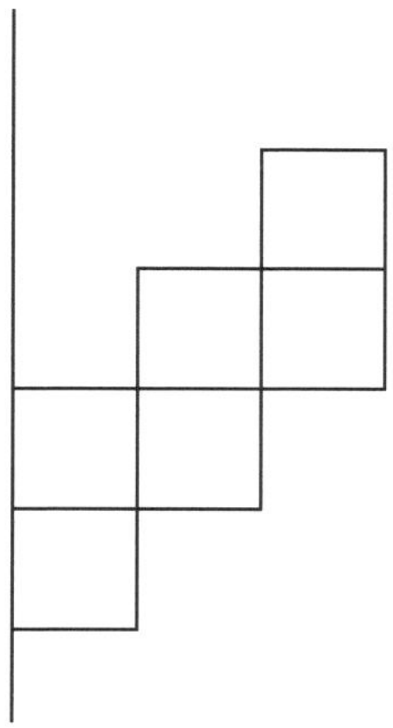

問題33

四角形ABCDは平行四辺形で、AB＝6㎝、AC＝8㎝、BC＝10㎝、角BAC＝90度です。ACを軸にして1回転させたときにできる立体の体積を求めなさい。

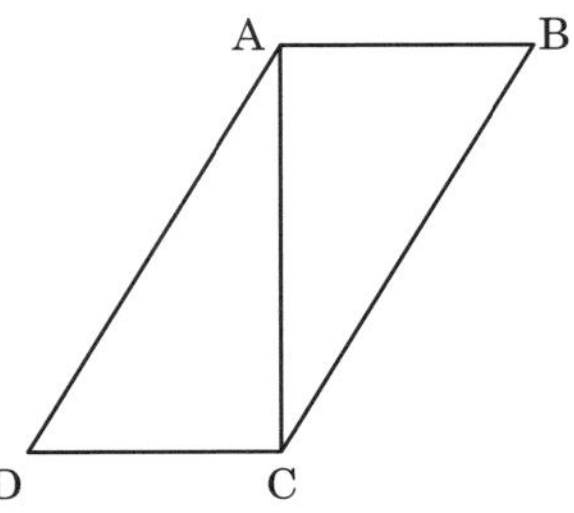

問題34

四角形ABCDは平行四辺形で、AB＝6㎝、AC＝8㎝、BC＝10㎝、角BAC＝90度です。ACを軸にして1回転させたときにできる立体の表面積を求めなさい。

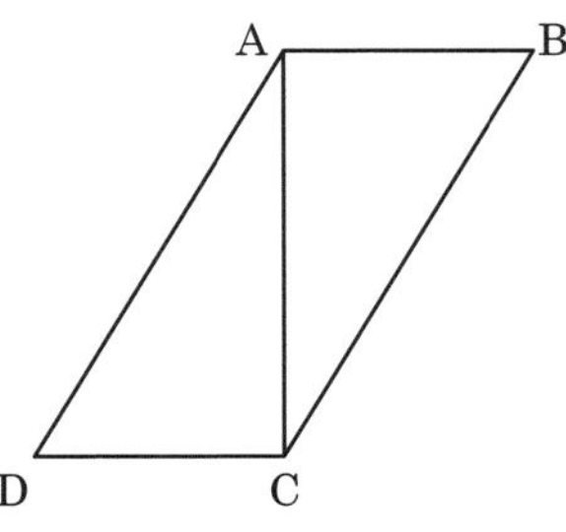

問題35

1辺3cmの立方体から、円、三角形、正方形を底面とする円柱、三角柱、四角柱を向かい合う面まで取りのぞきました。残った立体の体積を求めなさい。ただし、点線で区切られた1ますの大きさはすべて同じです。

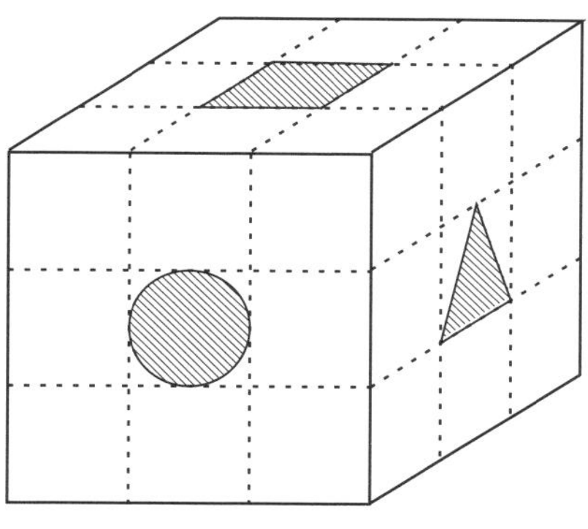

問題36

直方体の形をした水そうに水が入っています。この水そうに、たて10cm、横10cm、高さ20cmの直方体のおもりを立てて入れると、水の深さは12cmになりました。次に、このおもりを横に倒すと、水の深さは14cmになりました。水そうに入っていた水は何cm³ですか。

問題37

同じ立方体を積み重ねて図のような直方体を作りました。A、B、Cを通る平面で切ったとき、切断される立方体は何個ですか。

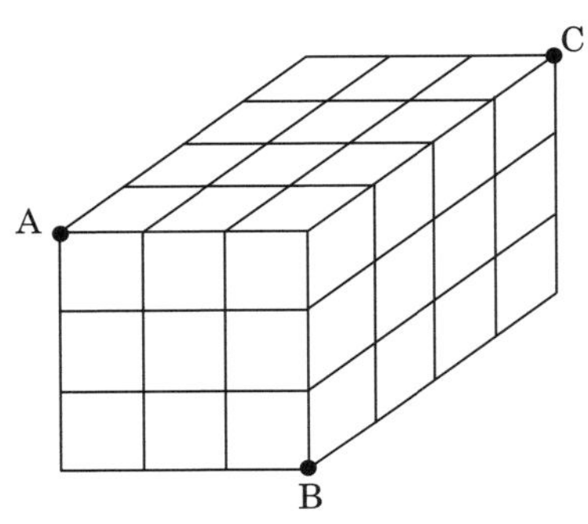

問題38

小さい立方体 64 個を積み上げて、大きい立方体を作りました。●印のついた面から大きな立方体の反対側の面まで穴をあけるとき、2つの向きから穴があいている小さな立方体は何個ありますか。

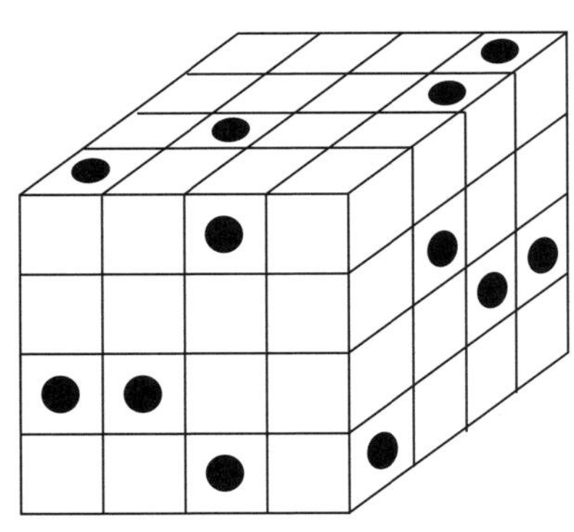

問題39

高さ３ｍの街灯から６ｍはなれたところに、高さ１ｍ、幅６ｍのへいが立っています。街灯の光でできる影の面積を求めなさい。

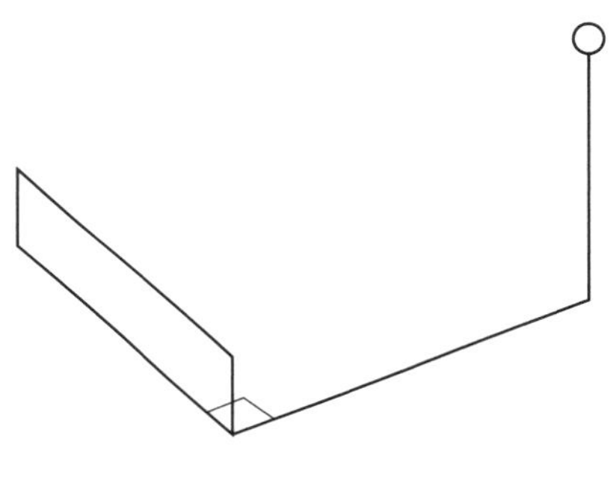

問題40

１辺が２㎝の立方体が面 EFGH を下にして、台の上に置かれています。光源Ｐが辺 EA の延長線上にあり、AP ＝４㎝です。光源Ｐによる、立方体の影の面積を求めなさい。

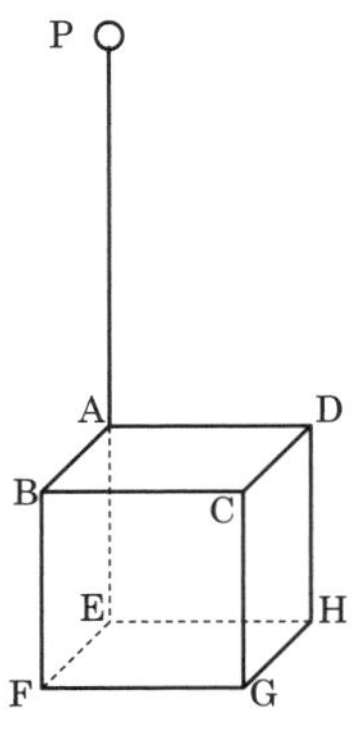

【上位校対策】

問題解説

21 問題は 088 ページ参照

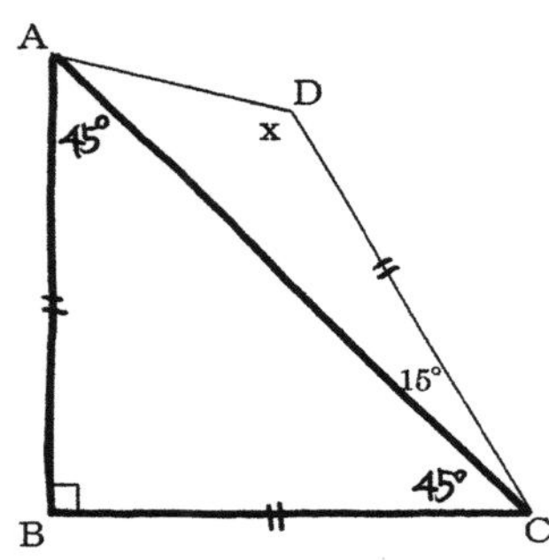

△ABCは直角二等辺三角形

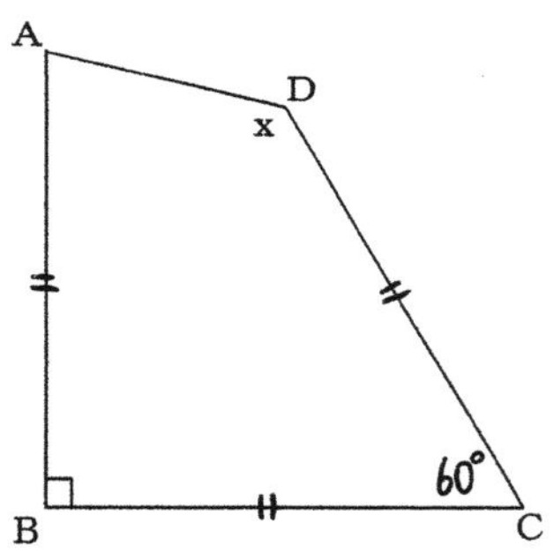

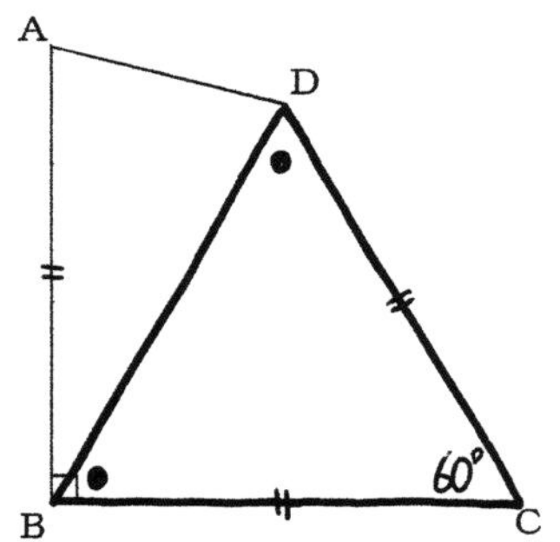

● = (180 − 60) ÷ 2 = 60°

→ △DBCは正三角形

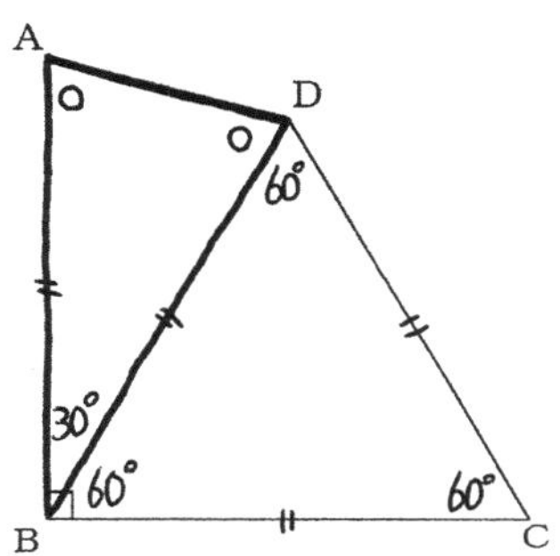

$\circ = (180 - 30) \div 2 = 75°$

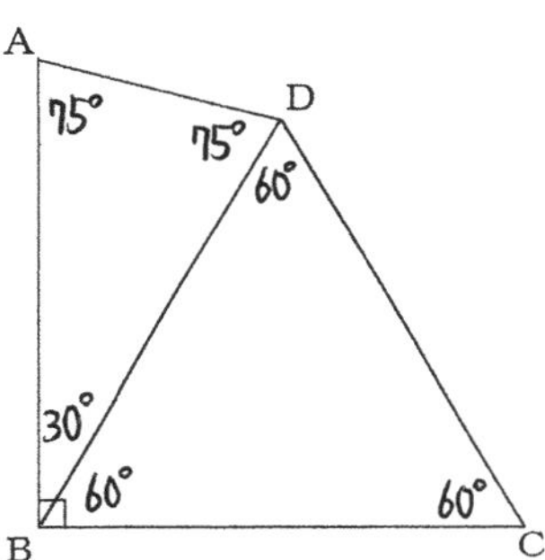

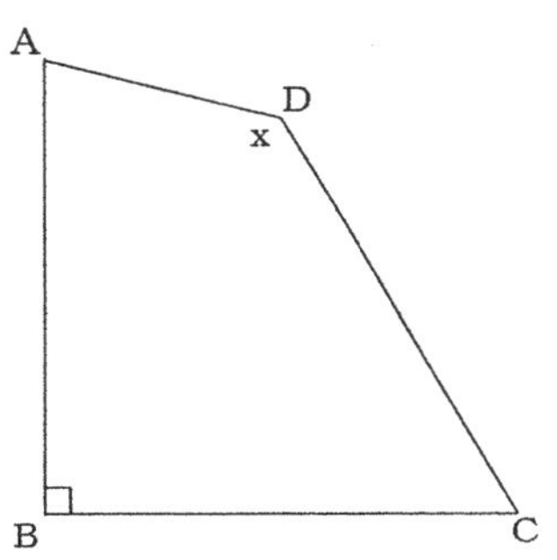

$x = 75 + 60 = \underline{135°}$

22 問題は 088 ページ参照

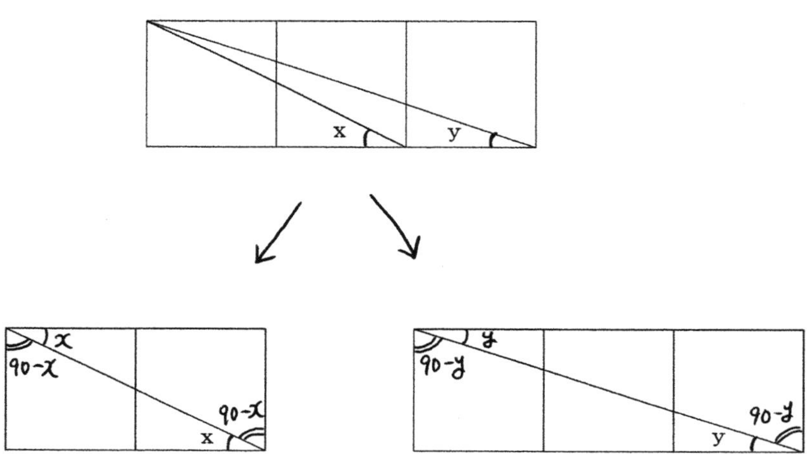

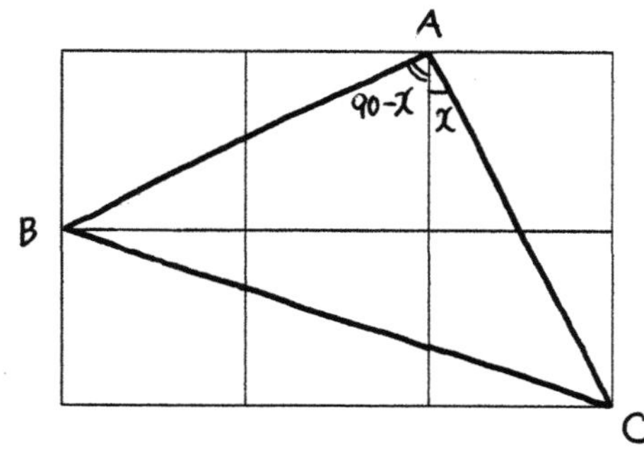

図のような △ABC を作ると，

$$\angle BAC = 90 - x + x$$

$$= 90^\circ$$

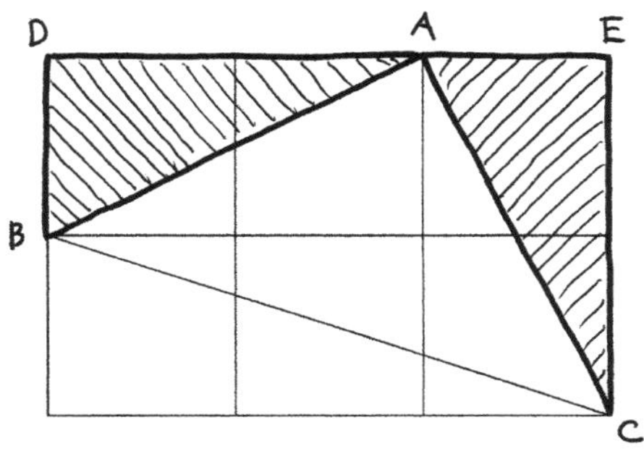

△ABDと△CAEは合同

→ AB = AC

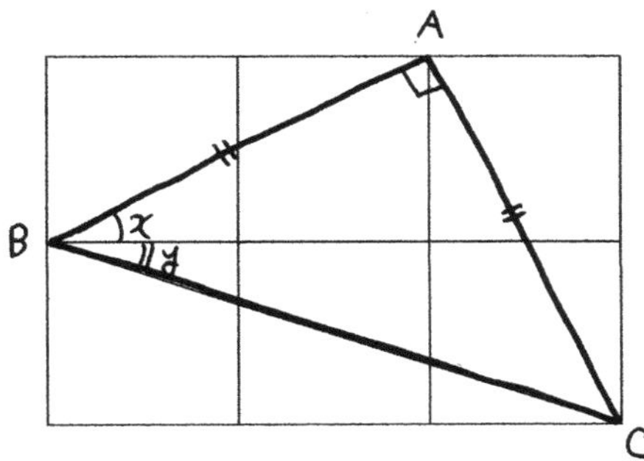

△ABCは直角二等辺三角形

よって，$x+y=45°$

23 問題は 089 ページ参照

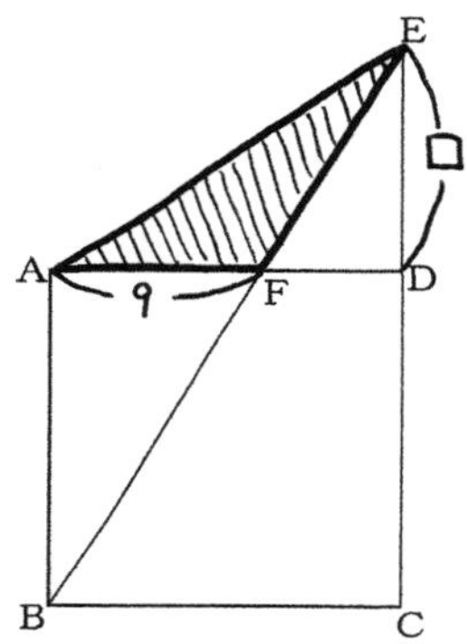

底辺（AF）＝ 9 cm

高さ（ED）＝ □ cm

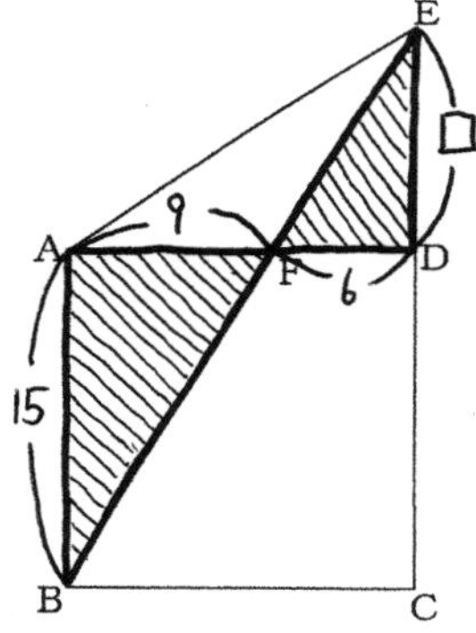

△ABF と △DEF は相似

→ 15 : 9 ＝ □ : 6

→ □ ＝ 10

よって，

△AEF ＝ 9 × 10 ÷ 2

＝ 45 cm²

〈別解1〉

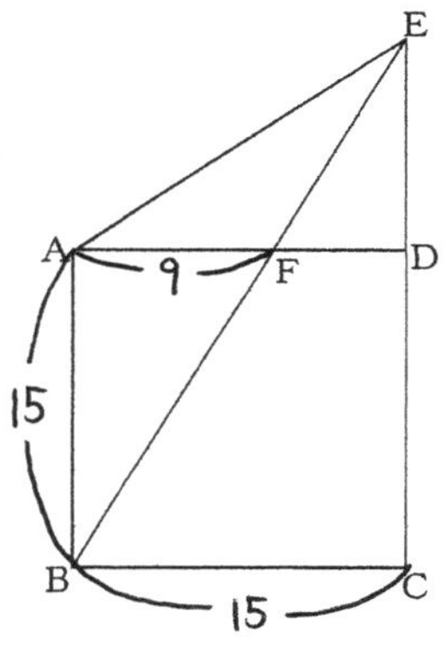

$\triangle ABE = 15 \times 15 \div 2$

$= 112.5\ (cm^2)$

$\triangle ABF = 15 \times 9 \div 2$

$= 67.5\ (cm^2)$

$\triangle AEF = \triangle ABE - \triangle ABF$

$= 112.5 - 67.5$

$= \underline{45\ cm^2}$

〈別解2〉

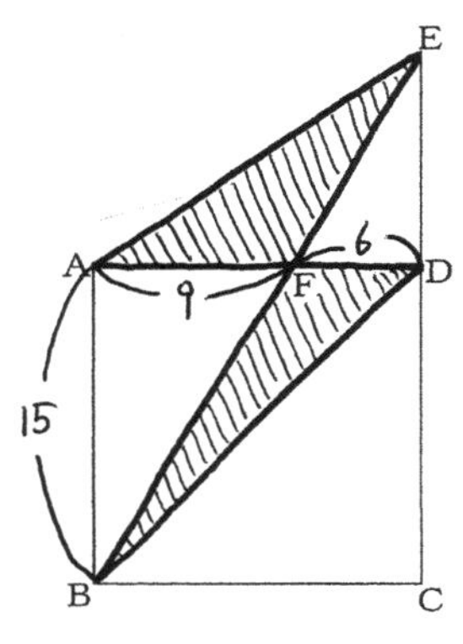

$\triangle BDF = 6 \times 15 \div 2$

$= 45\ (cm^2)$

$\triangle AEF = \triangle BDF$ より

$\triangle AEF = \underline{45\ cm^2}$

問題は 089 ページ参照

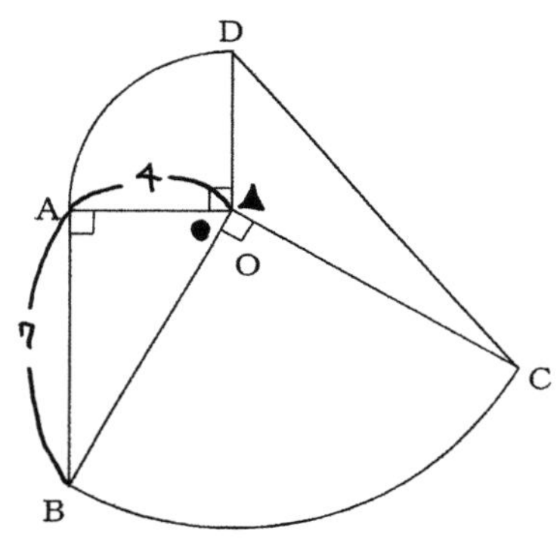

● ＋ ▲ ＝ 360° − 90° × 2

＝ 180°

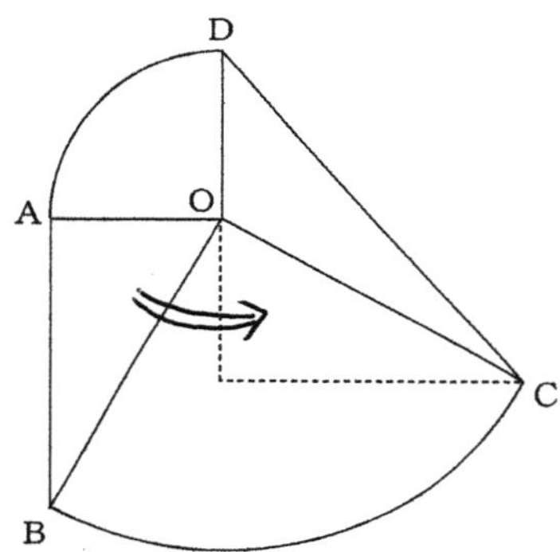

△OABを移動させると…

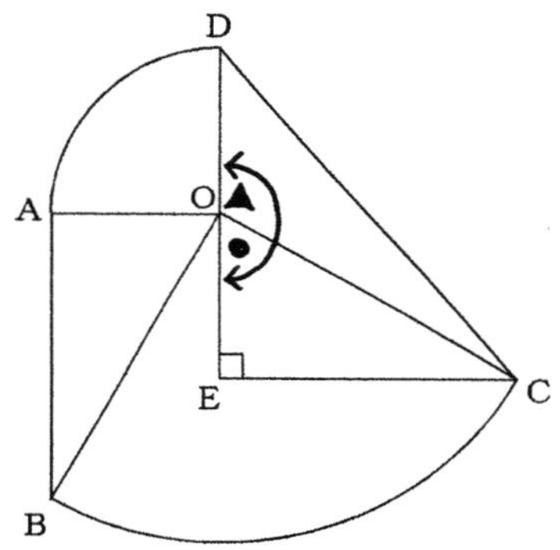

角DOE ＝ ● ＋ ▲ ＝ 180°

→ DEは直線になる

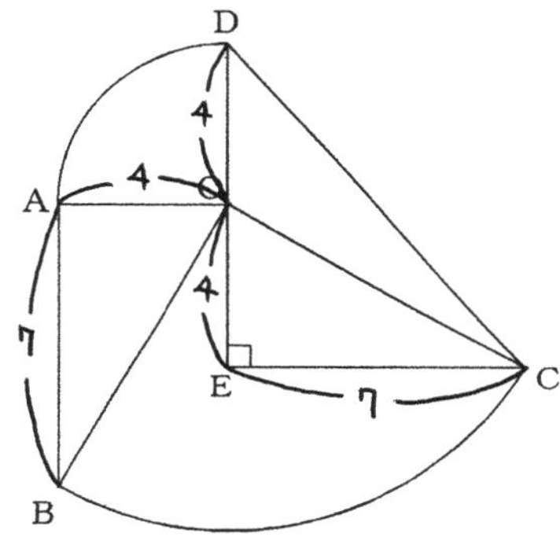

$$\triangle OAB + \triangle OCD$$

$$= \triangle OEC + \triangle OCD$$

$$= \triangle DEC$$

$$= 7 \times (4+4) \div 2$$

$$= \underline{28\ (cm^2)}$$

25 問題は 090 ページ参照

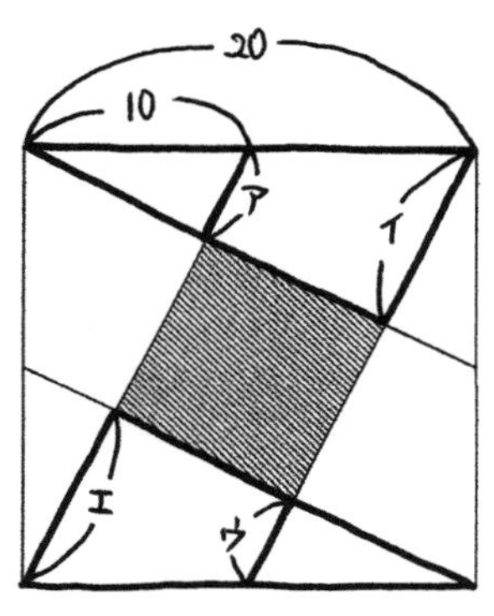

相似より

ア：イ＝10：20＝1：2

同様に ウ：エ＝1：2

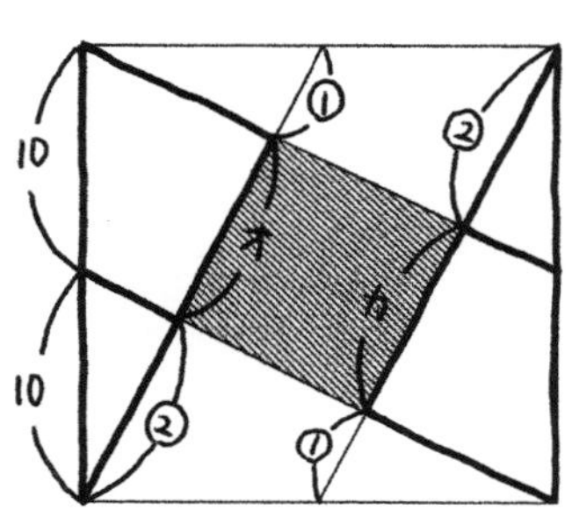

相似より

②：オ＝10：10 → オ＝②

同様に カ＝②

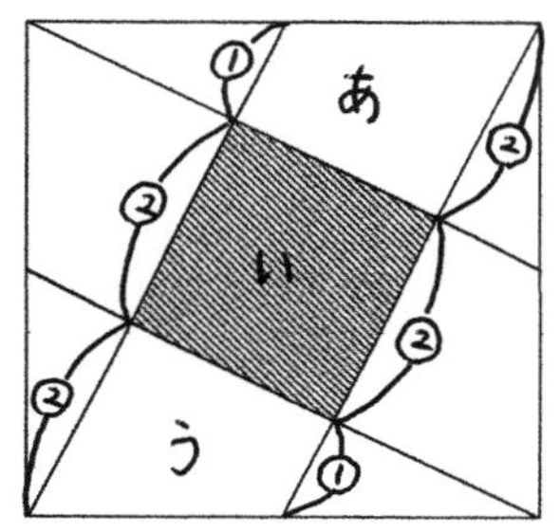

面積比は

あ：い：う

＝（1＋2）：（2＋2）：（2＋1）

＝3：4：3

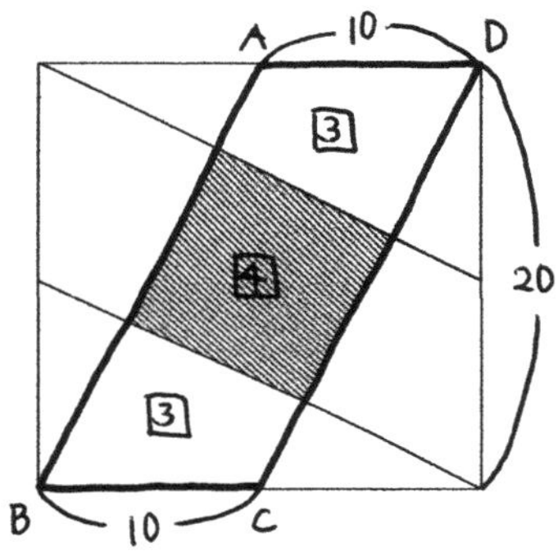

平行四辺形ABCD

$= 10 \times 20$

$= 200$ (cm²)

よって，

斜線部分

$= 200 \times \dfrac{4}{3+4+3}$

$= \underline{80}$ (cm²)

26 問題は 090 ページ参照

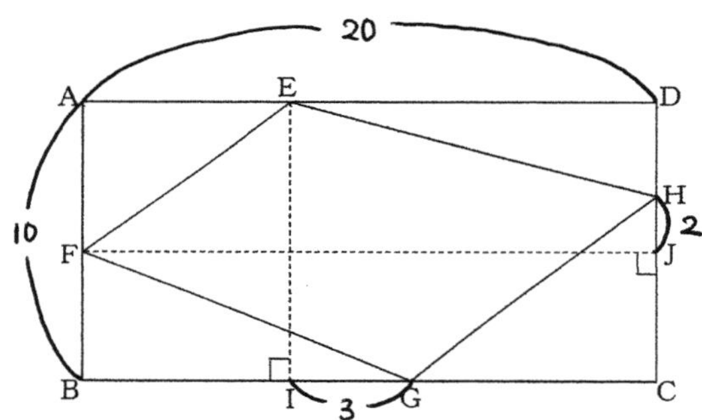

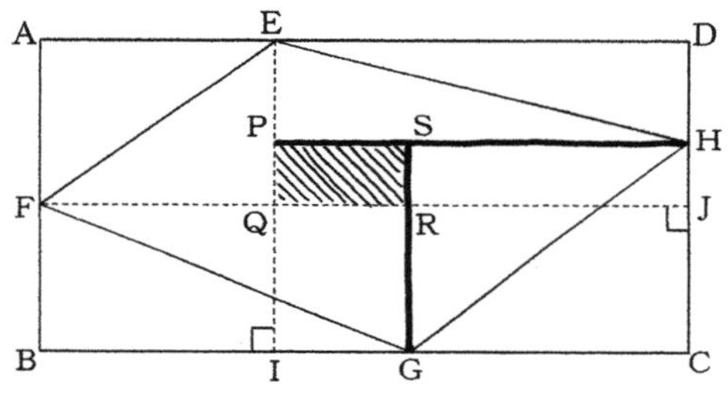

補助線（PH，SG）を引くと，

PQ ＝ HJ ＝ 2 cm

PS ＝ IG ＝ 3 cm

→ 長方形 PQRS

　＝ 2 × 3 ＝ 6 cm^2

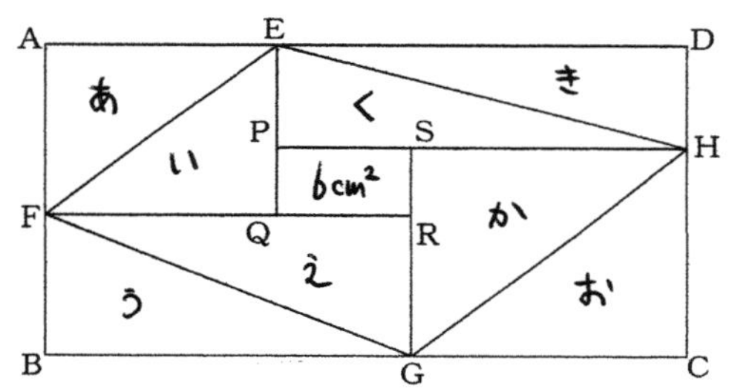

合同より

あ＝い，う＝え，

お＝か，き＝く

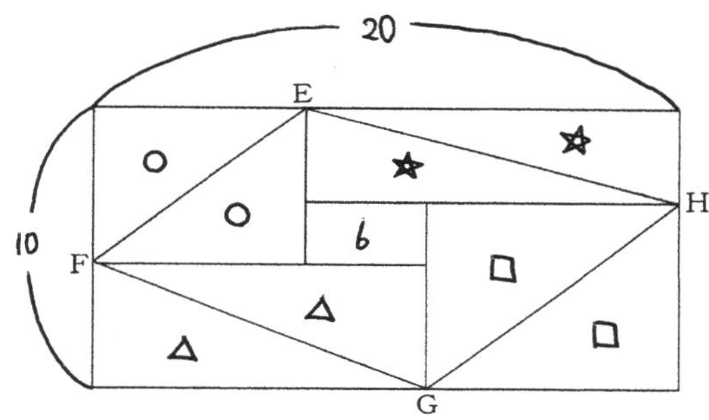

○○△△□□☆☆ + 6 = 10 × 20 = 200

→ ○○△△□□☆☆ = 200 − 6 = 194

→ ○△□☆ = 194 ÷ 2 = 97

よって，四角形 EFGH = ○△□☆ + 6

= 97 + 6

= 103 (cm²)

問題は 091 ページ参照

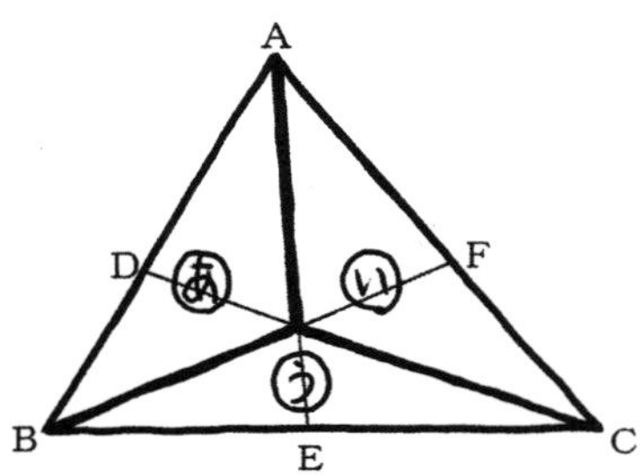

図のように分割する。

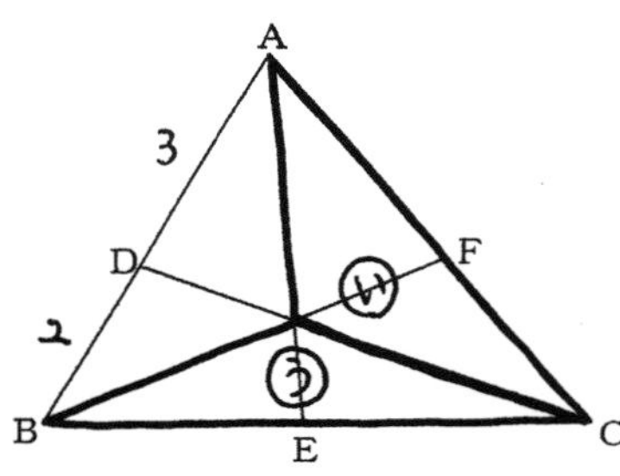

い：う ＝ AD：DB

＝ 3：2

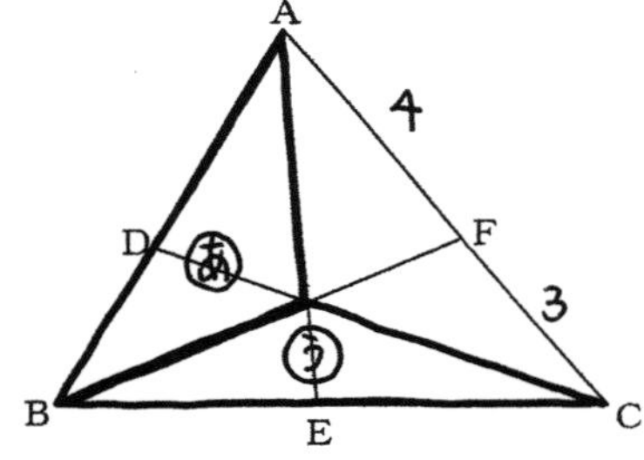

あ：う ＝ AF：FC

＝ 4：3

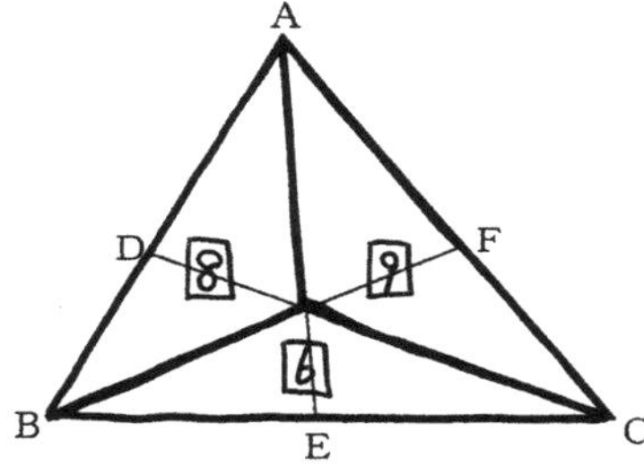

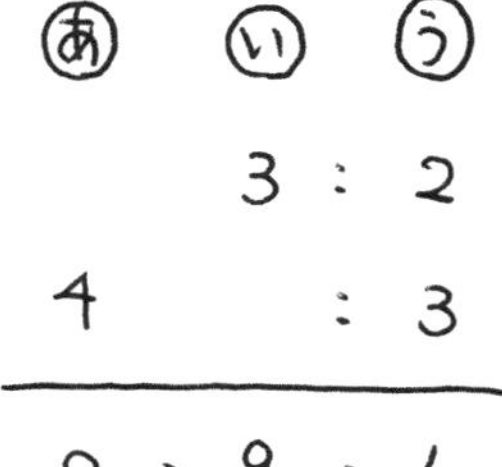

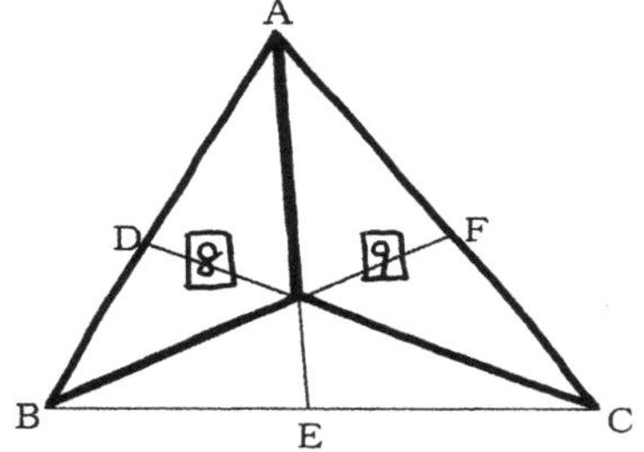

よって,

BE : EC = 8 : 9

28 問題は 091 ページ参照

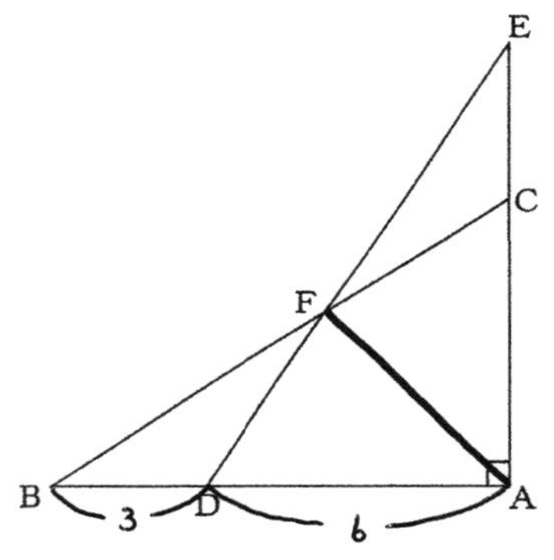

補助線（AF）を引くと，

△FBD：△FDA ＝ 3：6

＝ 1：2

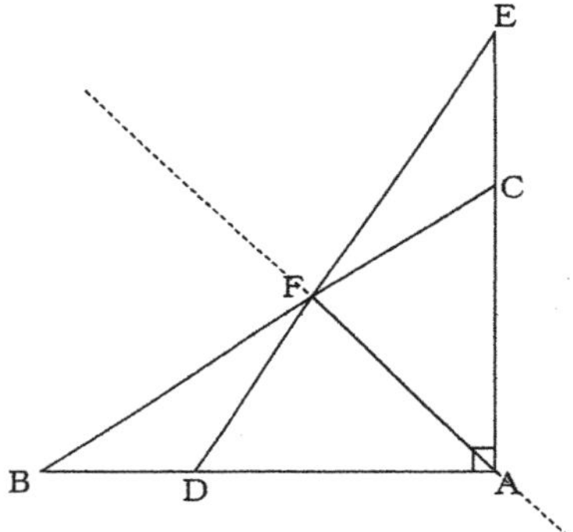

点線を軸にして対称になっている

→ △FDA と △FCA は合同

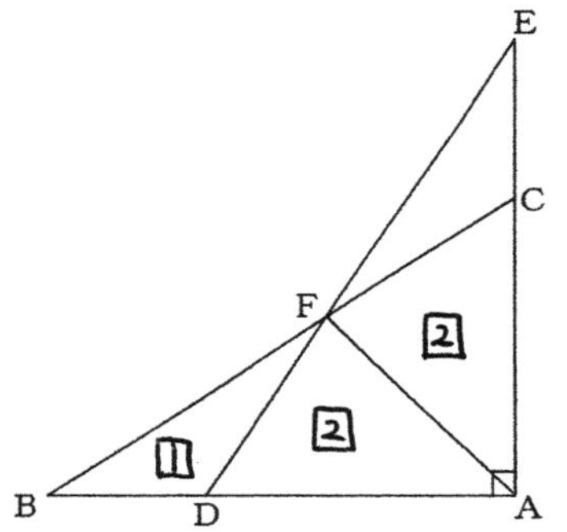

△FBD ＝ 1 とすると，

△FDA ＝ △FCA ＝ 2

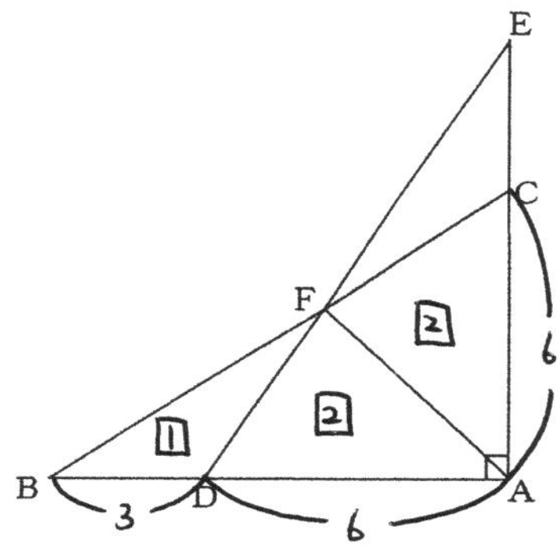

$$\triangle ABC = (3+6) \times 6 \div 2$$

$$= 27 \text{ cm}^2$$

よって，

四角形ACFD

$$= 27 \times \frac{2+2}{1+2+2}$$

$$= \underline{21.6 \text{ cm}^2}$$

〈別解1〉

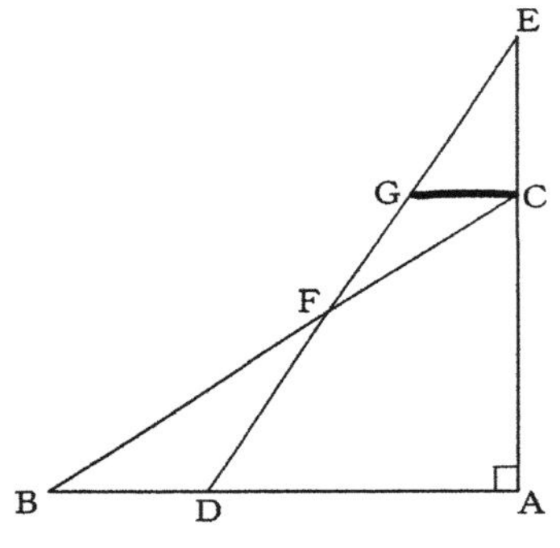

BAと平行な補助線GCを引く。

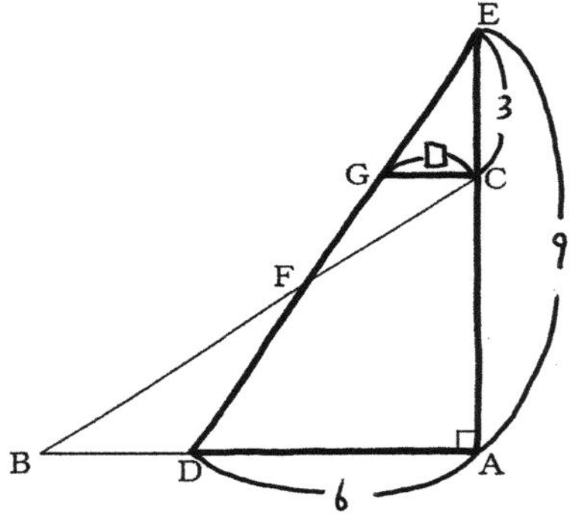

相似より

□：6 ＝ 3：9

→ □＝2

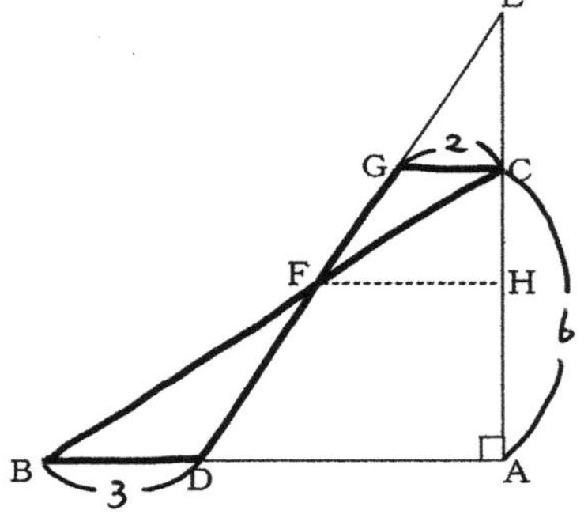

相似より

CH：HA ＝ 2：3

$\rightarrow \mathrm{HA} = 6 \times \dfrac{3}{2+3}$

$= 3.6$ cm

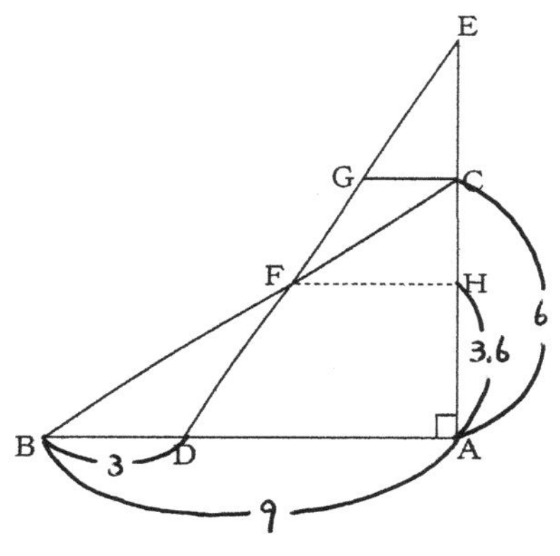

$\triangle ABC = 9 \times 6 \div 2 = 27 \text{cm}^2$

$\triangle FBD = 3 \times 3.6 \div 2 = 5.4 \text{cm}^2$

よって，

四角形ACFD $= 27 - 5.4$

$= \underline{21.6 \text{cm}^2}$ //

〈別解2〉

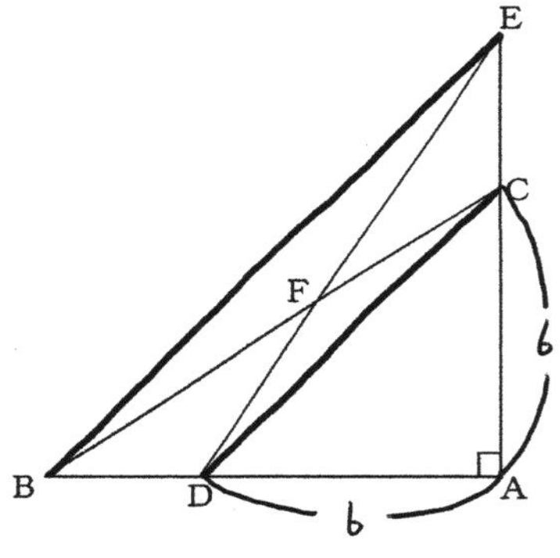

補助線（BE，DC）を引く。

△ACD = 6×6÷2 = 18cm²

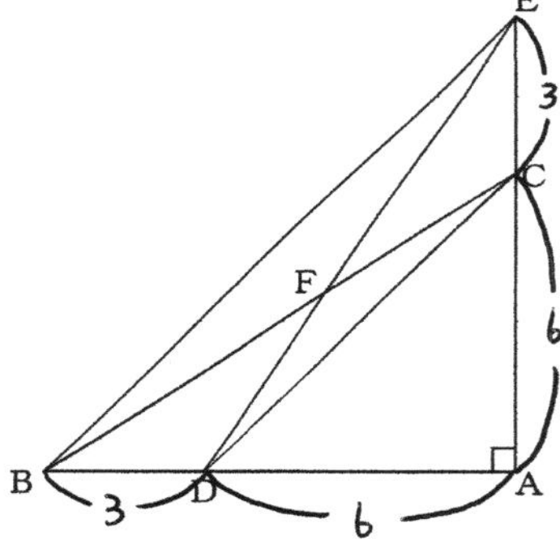

相似より

CD：EB = 6：(6+3)

= 2：3

また，CDとEBは平行

→ 四角形BDCEは台形

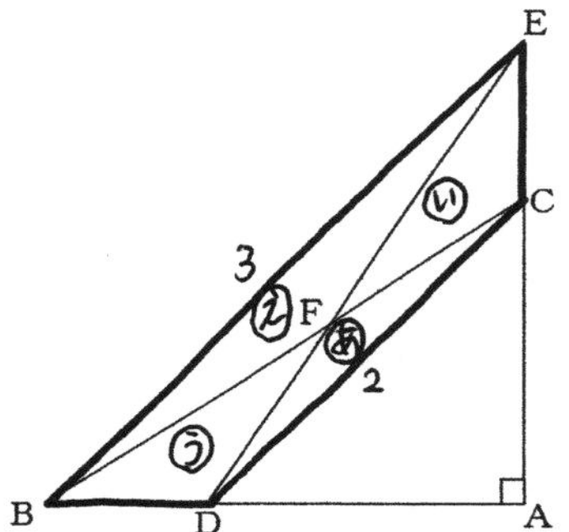

台形の面積比（※）より

あ：い：う：え

= 2×2：2×3：2×3：3×3

= 4：6：6：9

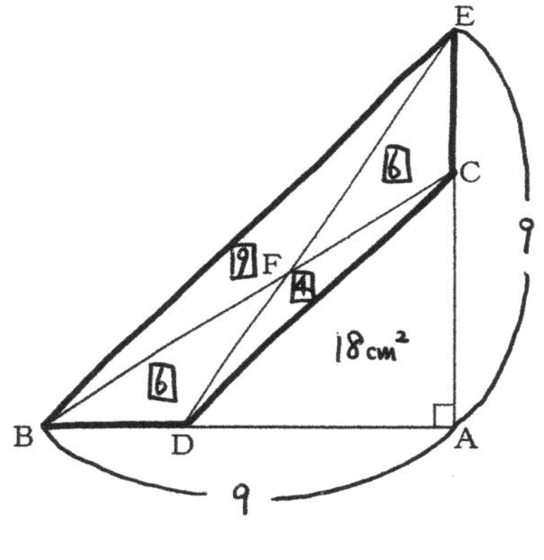

台形BDCE

$= 9 \times 9 \div 2 - 18$

$= 22.5\ cm^2$

→ △CDF

$= 22.5 \times \frac{4}{4+6+6+9}$

$= 3.6\ cm^2$

よって，

四角形ACFD $= 18 + 3.6$

$= 21.6\ cm^2$

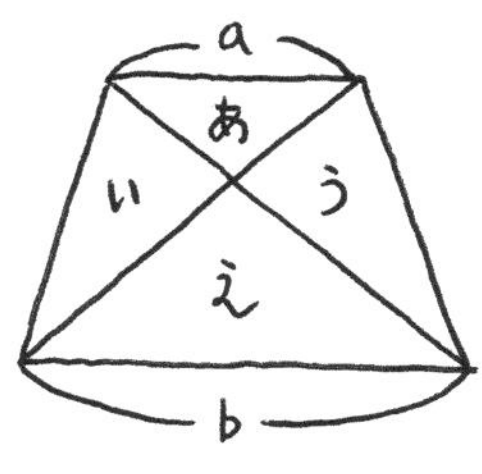

台形で上底：下底＝a：bのとき，
面積比は，
あ：い：う：え $= a \times a : a \times b : a \times b : b \times b$
となります。

問題は 092 ページ参照

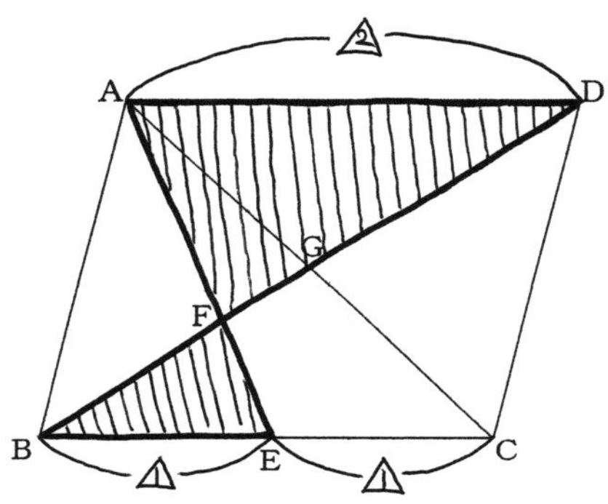

BG = GD

相似より　BF : FD = 1 : 2

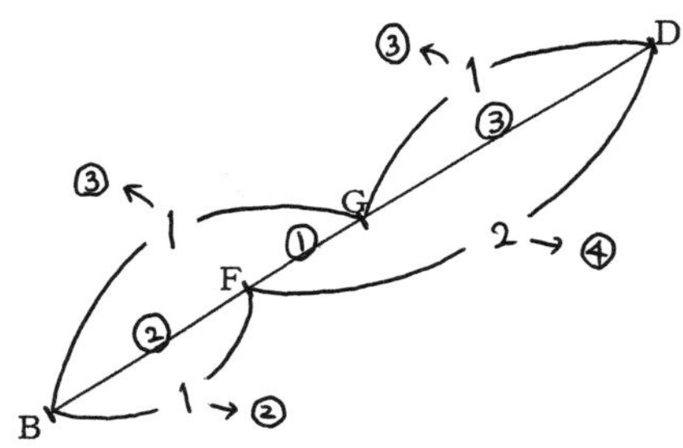

BD = ⑥ とすると,

BF = ②, FG = ①, GD = ③

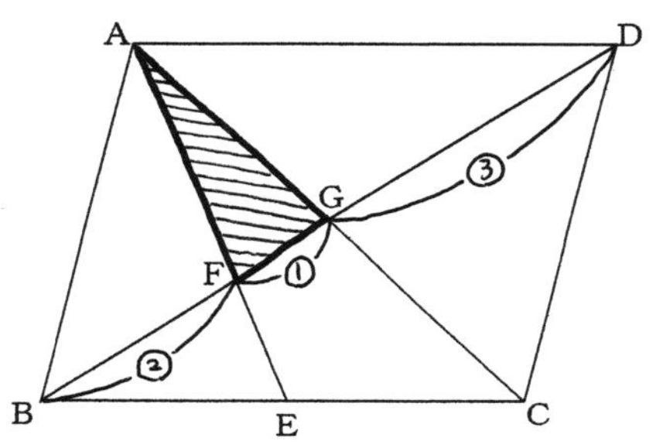

平行四辺形 ABCD = 1 とすると,

$\triangle ABD = \frac{1}{2}$

$\triangle AFG = \triangle ABC \times \frac{1}{2+1+3}$

$= \frac{1}{2} \times \frac{1}{6} = \frac{1}{12}$

よって, $\frac{1}{12}$ 倍

〈別解〉

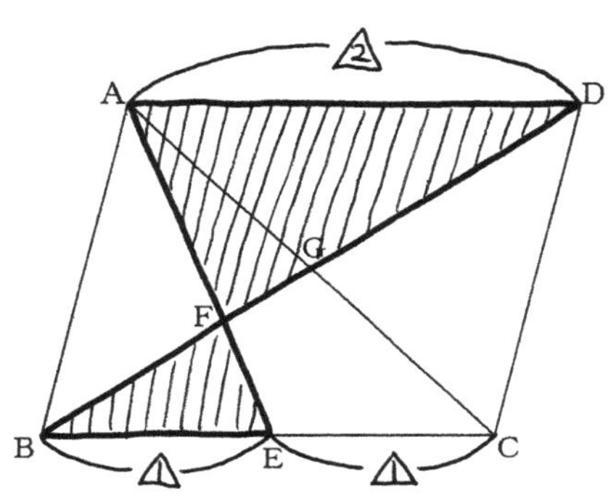

AG = GC

相似より　AF : FE = 2 : 1

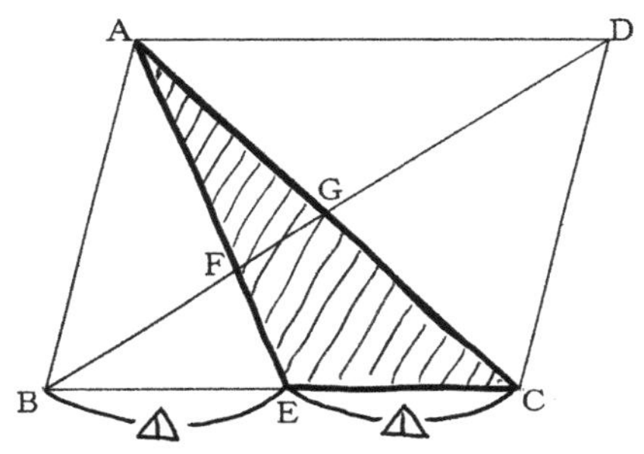

平行四辺形ABCD = [1] とすると，

$\triangle ABC = \boxed{\frac{1}{2}}$

$\triangle AEC = \boxed{\frac{1}{2}} \times \frac{1}{2} = \boxed{\frac{1}{4}}$

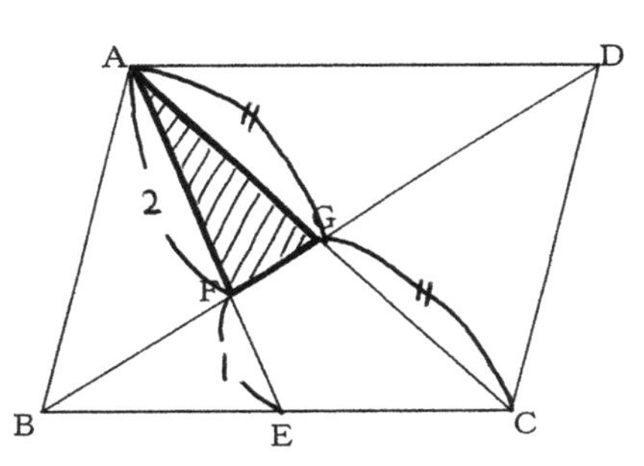

$\triangle AFG = \triangle AEC \times \frac{2}{2+1} \times \frac{1}{1+1}$

$= \boxed{\frac{1}{4}} \times \frac{2}{3} \times \frac{1}{2}$

$= \boxed{\frac{1}{12}}$

よって，$\frac{1}{12}$ 倍

30 問題は 092 ページ参照

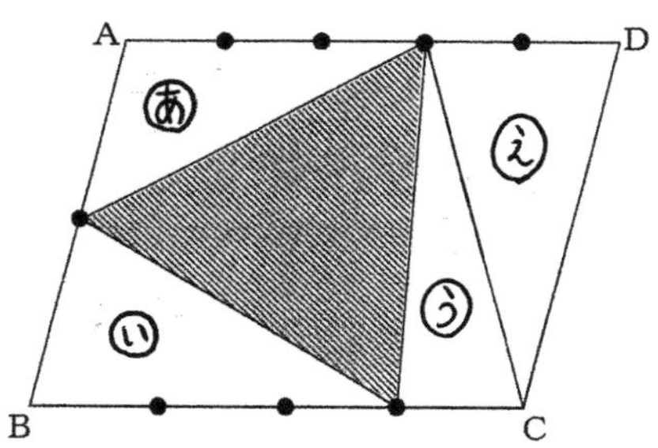

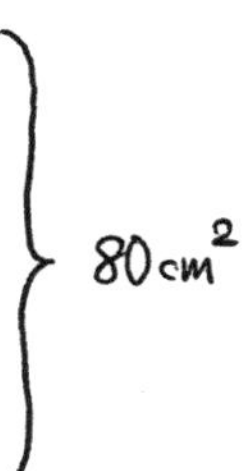

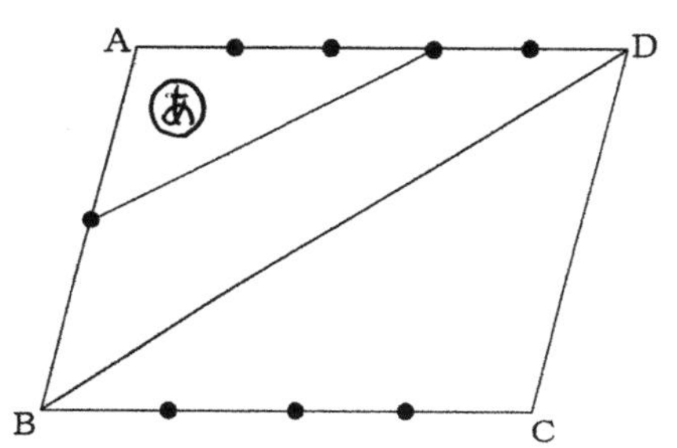

$$\text{あ} = \triangle ABD \times \frac{1}{2} \times \frac{3}{5}$$
$$= 40 \times \frac{3}{10}$$
$$= 12\,\text{cm}^2$$

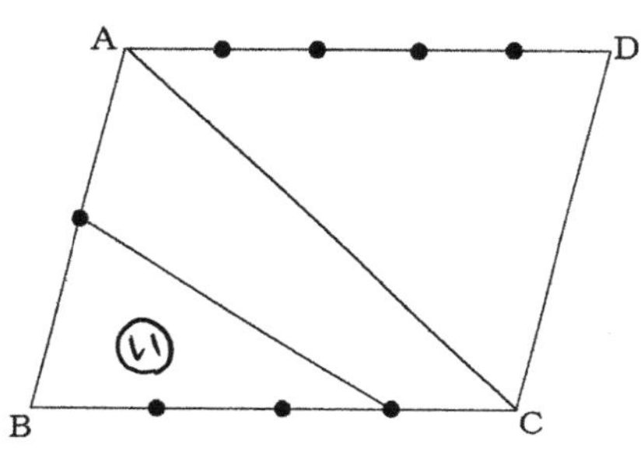

$$\text{い} = \triangle ABC \times \frac{1}{2} \times \frac{3}{4}$$
$$= 40 \times \frac{3}{8}$$
$$= 15\,\text{cm}^2$$

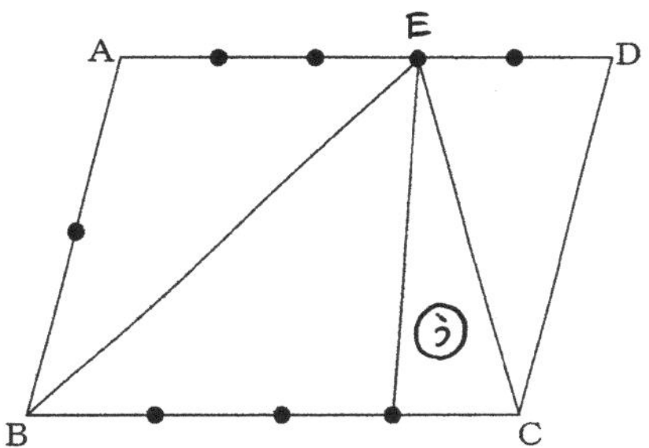

㋒ $= \triangle EBC \times \frac{1}{4}$

$= 40 \times \frac{1}{4}$

$= 10\text{cm}^2$

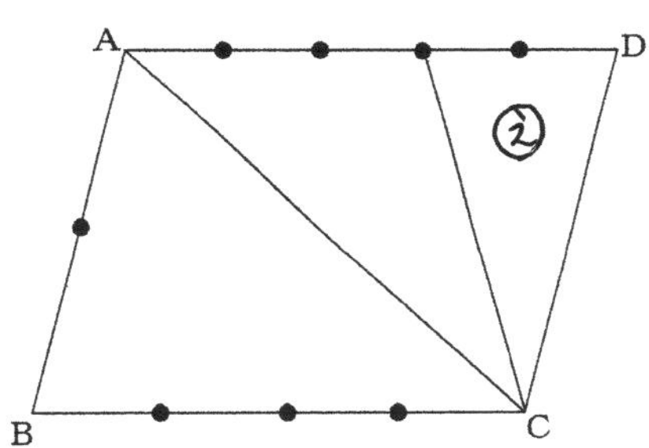

㋓ $= \triangle ACD \times \frac{2}{5}$

$= 40 \times \frac{2}{5}$

$= 16\text{cm}^2$

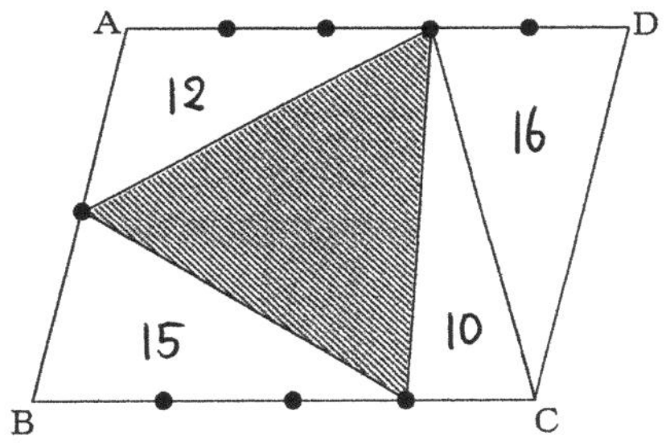

よって，斜線部分の面積は

$80 - (12 + 15 + 10 + 16)$

$= \underline{27\text{cm}^2}$

〈別解〉

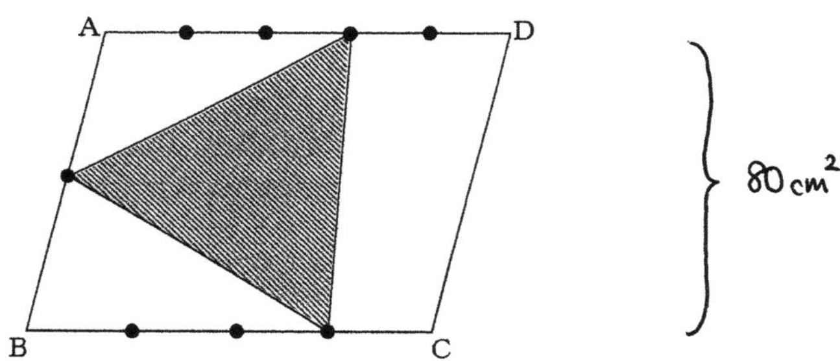

80 = 4 × 20 より
たて4cm，横20cmの
長方形に変形すると・・・

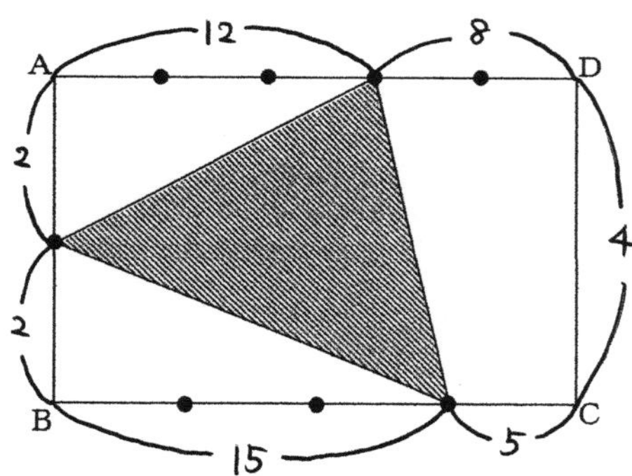

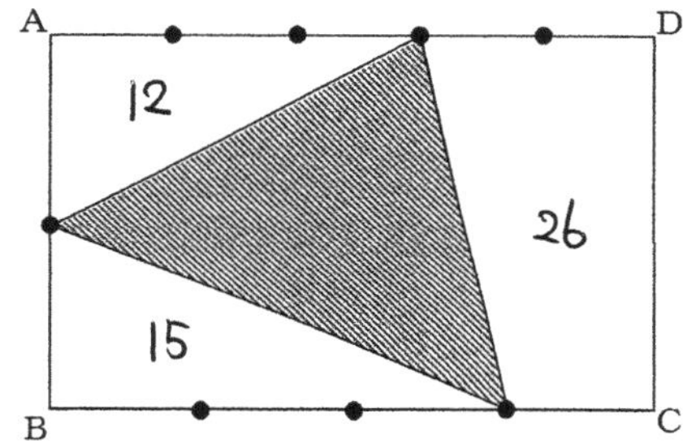

各部分の面積は

図のようになる。

よって，斜線部分の面積は

$80-(12+15+26)$

$=\underline{27\text{cm}^2}$

31

問題は 093 ページ参照

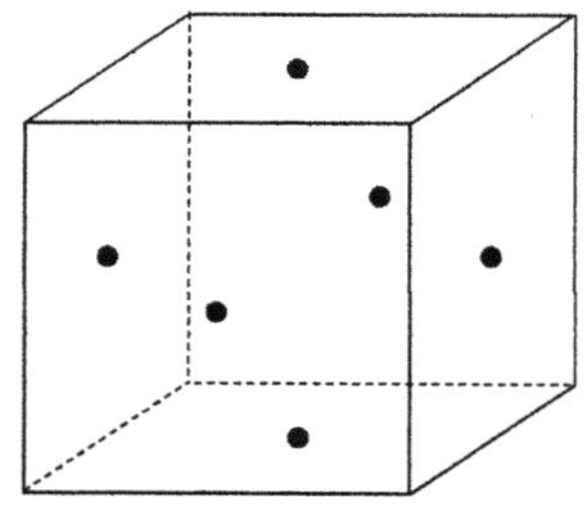

各面の真ん中の点を
結ぶと・・・

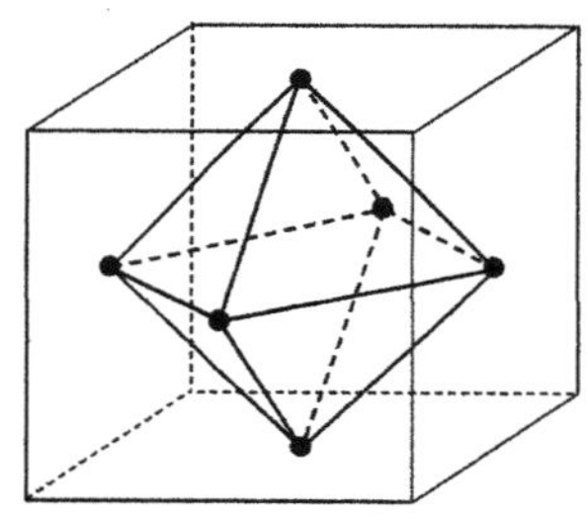

正八面体になる

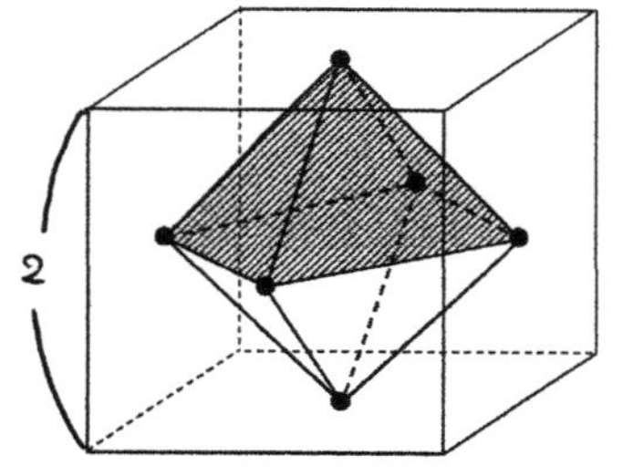

四角すい(斜線)の
高さは 1cm

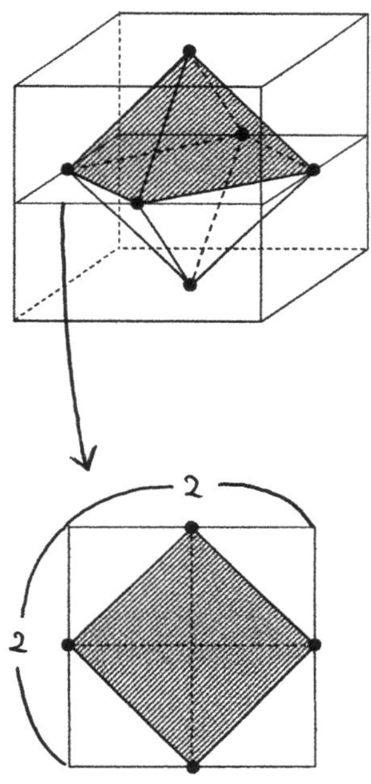

底面積は

$2 \times 2 \div 2 = 2\mathrm{cm}^2$

→四角すいの体積は

$2 \times 1 \times \frac{1}{3} = \frac{2}{3}\mathrm{cm}^3$

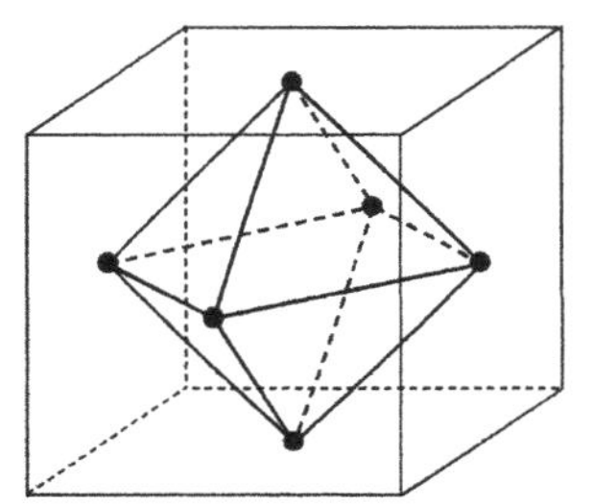

よって，正八面体の体積は

$\frac{2}{3} \times 2 = 1\frac{1}{3}\mathrm{cm}^3$

（×2：下半分も同じ四角すいなので）

32 問題は093ページ参照

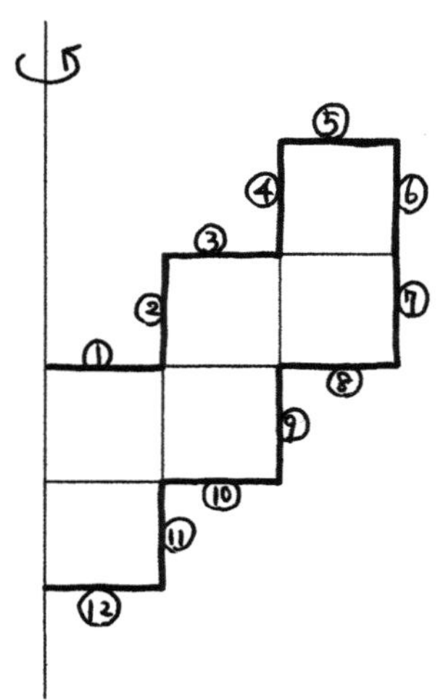

①～⑫が回転してできる図形の面積の合計を求める。

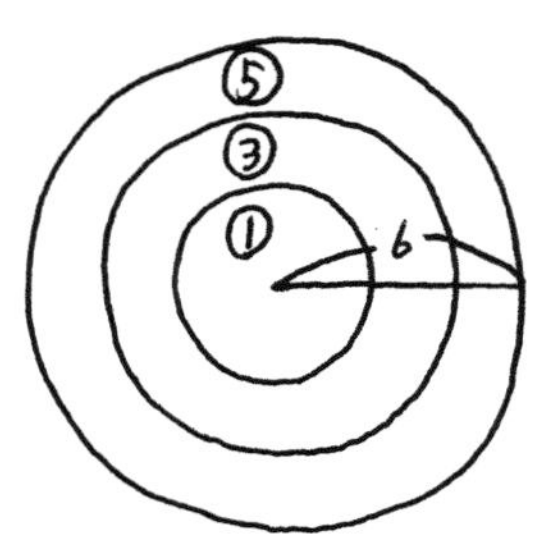

①＋③＋⑤

$= 6 \times 6 \times 3.14$

$= 36 \times 3.14$ (cm²)

同様に　⑧＋⑩＋⑫

$= 36 \times 3.14$ (cm²)

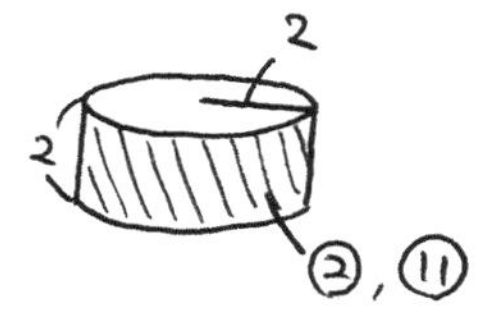

②＋⑪ $= (2 \times 2 \times 3.14 \times 2) \times 2$

$= 16 \times 3.14$ (cm²)

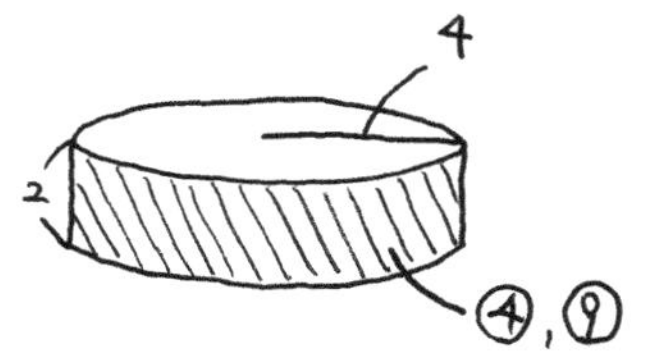

④＋⑨ $= (4 \times 2 \times 3.14 \times 2) \times 2$

$= 32 \times 3.14$ (cm²)

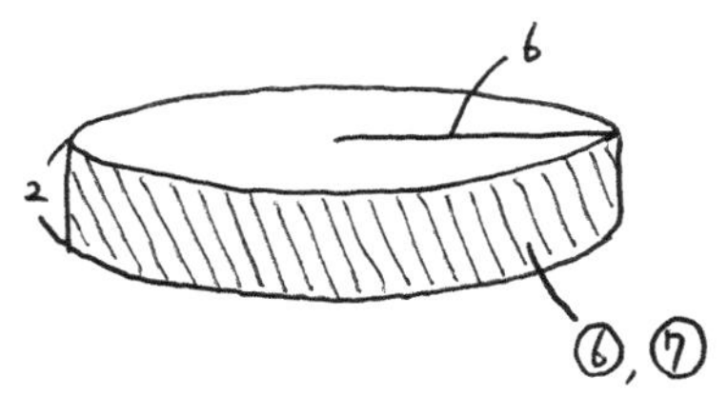

⑥＋⑦ $= (6 \times 2 \times 3.14 \times 2) \times 2$

$= 48 \times 3.14$ (cm²)

よって，①～⑫の合計は

$(36 + 36 + 16 + 32 + 48) \times 3.14$

$= 168 \times 3.14$

$= \underline{527.52}$ (cm²)

33 問題は094ページ参照

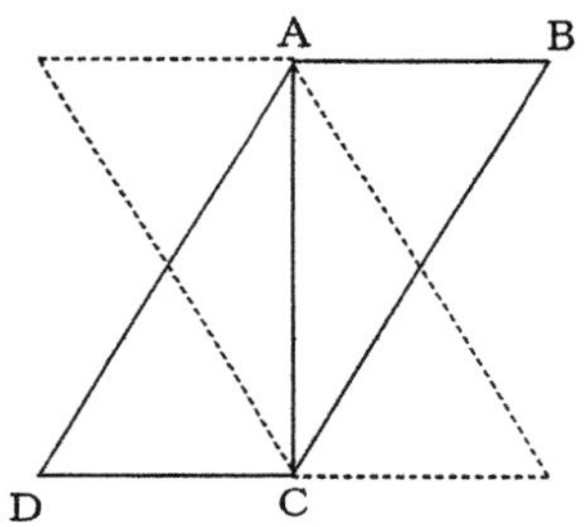

平行四辺形ABCDが

ACを軸にして回転すると…

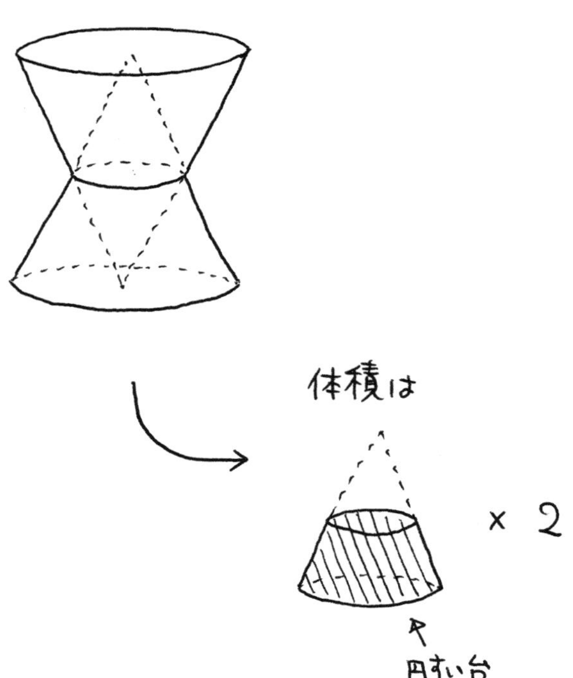

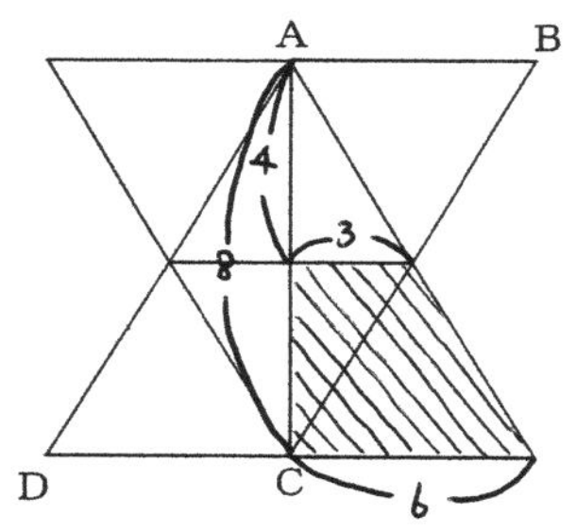

$=$ 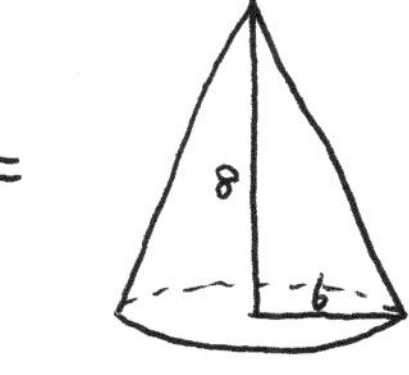

$-$ 

$$= 6 \times 6 \times 3.14 \times 8 \times \frac{1}{3} - 3 \times 3 \times 3.14 \times 4 \times \frac{1}{3}$$

$$= 84 \times 3.14\ (\text{cm}^3)$$

よって，全体の体積は

$$(84 \times 3.14) \times 2 = 168 \times 3.14$$

$$= \underline{527.52\ (\text{cm}^3)}$$

34 問題は 094 ページ参照

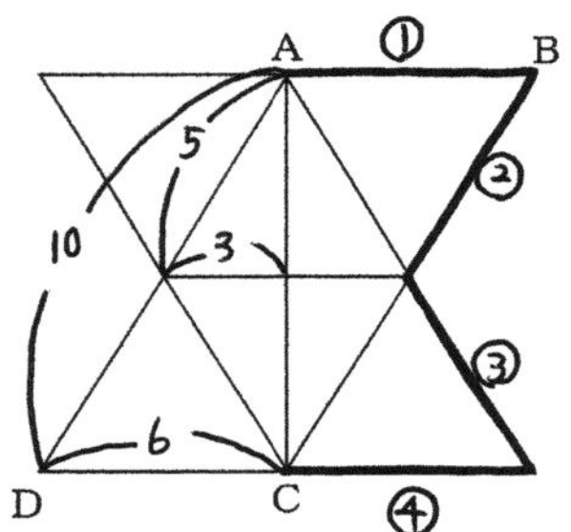

①～④が回転してできる図形の面積の合計を求める。

①＋④

$= 6 \times 6 \times 3.14 \times 2$

$= 72 \times 3.14$ (cm²)

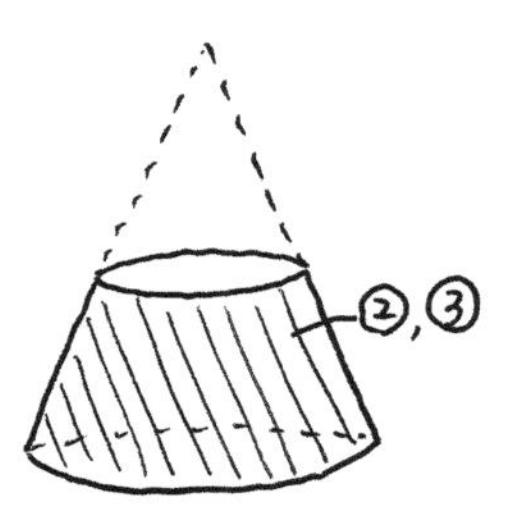

③ ＝ (10, 6 の円すい) の側面積

－ (5, 3 の円すい) の側面積

$= 10 \times 6 \times 3.14 - 5 \times 3 \times 3.14$

$= 45 \times 3.14$ (cm²)

②＋③

$= 45 \times 3.14 \times 2$

$= 90 \times 3.14$ (cm²)

よって，①〜④の合計は

$(72 + 90) \times 3.14$

$= 162 \times 3.14$

$= \underline{508.68}$ (cm²)

35 問題は 095 ページ参照

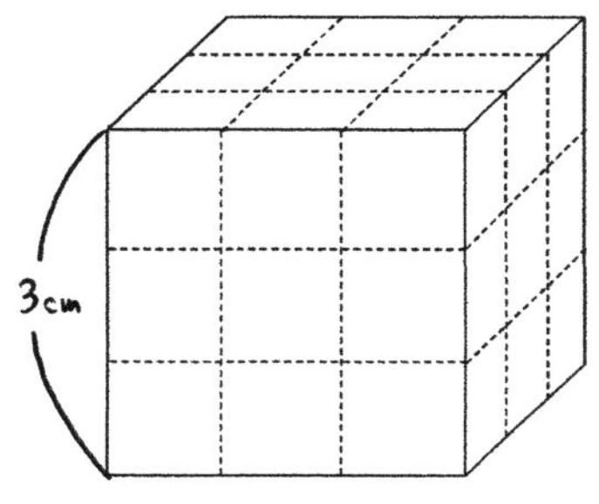

くり抜かれる前の体積は

$3 \times 3 \times 3 = 27\ cm^3$

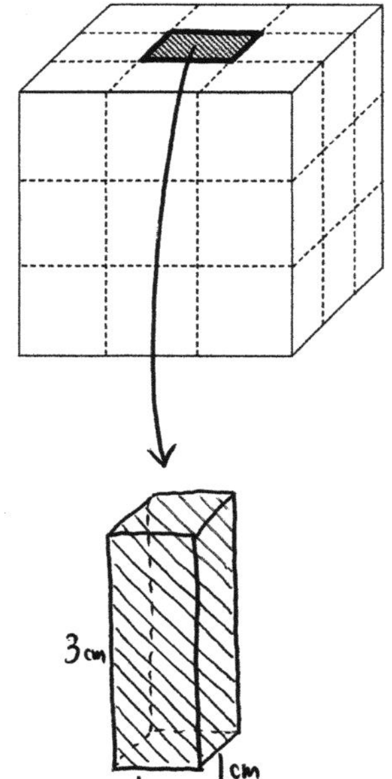

正方形の穴をあけた後の体積は

$27 - 1 \times 1 \times 3 = 24\ cm^3$

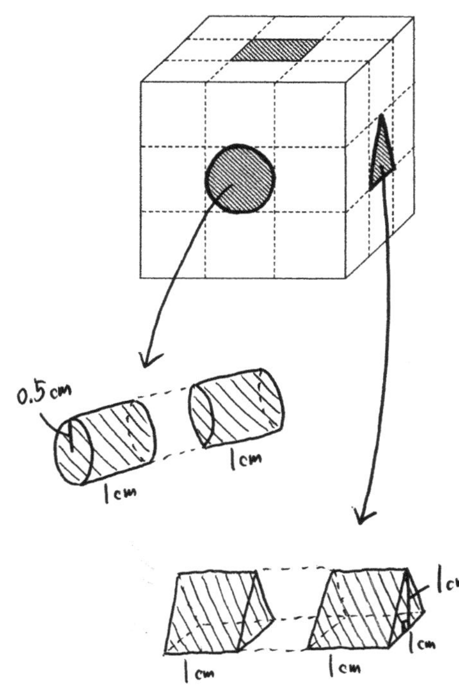

三角形の穴をあけた後
の体積は

$24 - 1 \times 1 \times \frac{1}{2} \times 1 \times 2$

$= 23\,\text{cm}^3$

円の穴をあけた後の
体積は

$23 - 0.5 \times 0.5 \times 3.14 \times 1 \times 2$

$= 21.43\,\text{cm}^3$

よって,

$\underline{21.43\,\text{cm}^3}$

〈別解〉

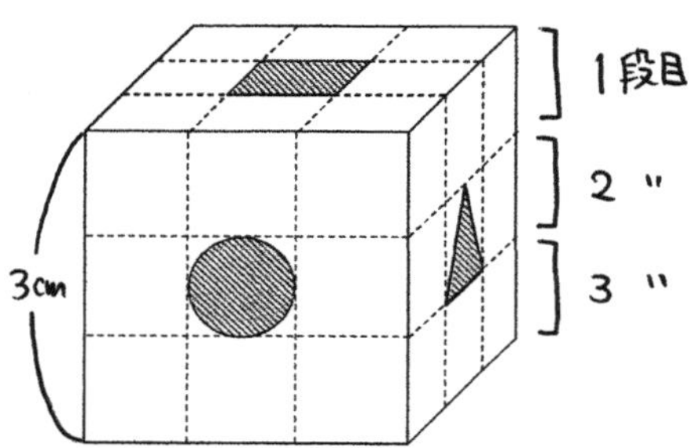

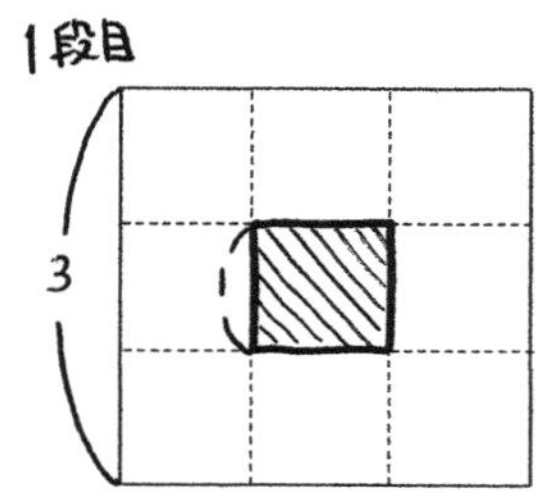

$3 \times 3 \times 1 - 1 \times 1 \times 1$

（全体）（四角柱の穴）

$= 8\text{cm}^3$

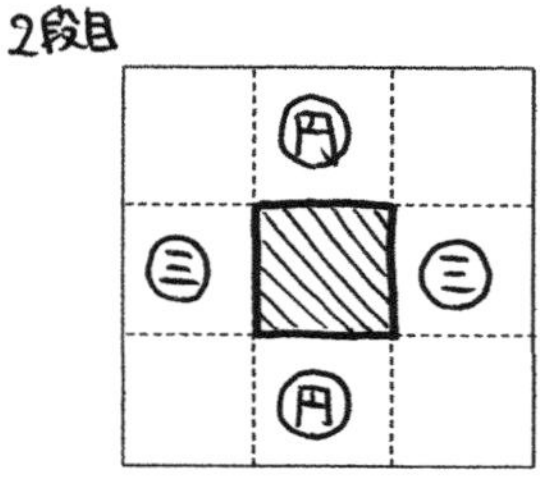

$3 \times 3 \times 1 - 1 \times 1 \times 1$

$- 0.5 \times 0.5 \times 3.14 \times 1 \times 2$（円柱の穴）

$- 1 \times 1 \times \frac{1}{2} \times 1 \times 2$（三角柱の穴）

$= 5.43\text{cm}^3$

3段目

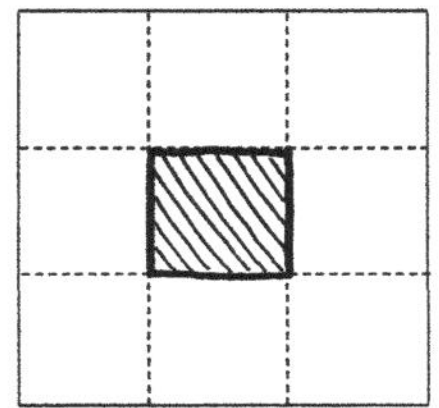

1段目と同じなので

8cm³

よって，全体の体積は

$8 \times 2 + 5.43$

$= \underline{21.43\ \text{cm}^3}$

36 問題は 095 ページ参照

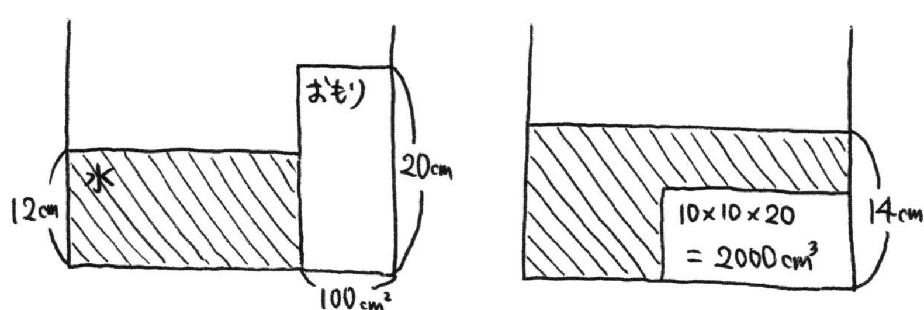

水+おもり（体積の和）は変わらないので

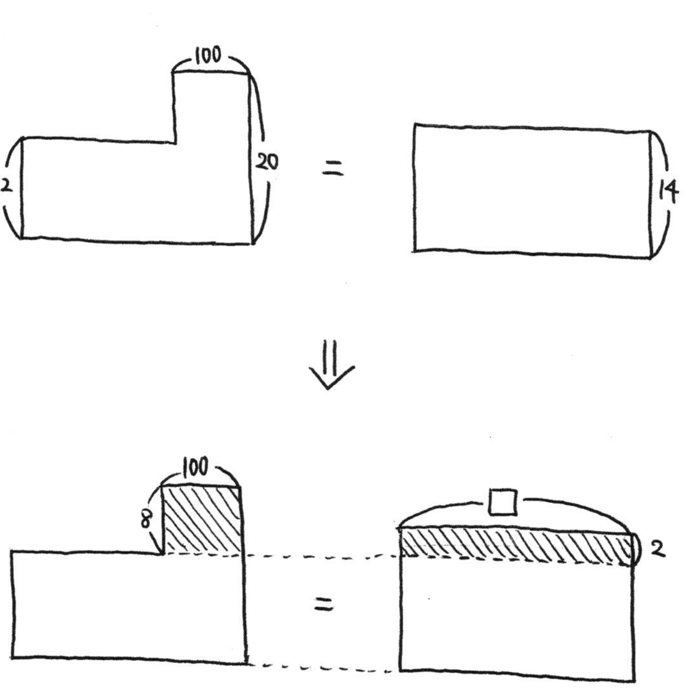

12cmより上(斜線部分)の体積は等しいので

$100 \times 8 = \square \times 2 \quad \longrightarrow \quad \square = 400\ (cm^2)$

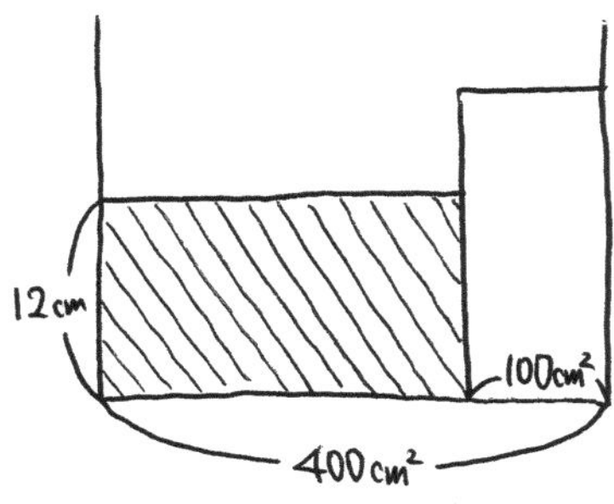

よって,水の体積は

$(400 - 100) \times 12 = \underline{3600\ cm^3}$

37 問題は096ページ参照

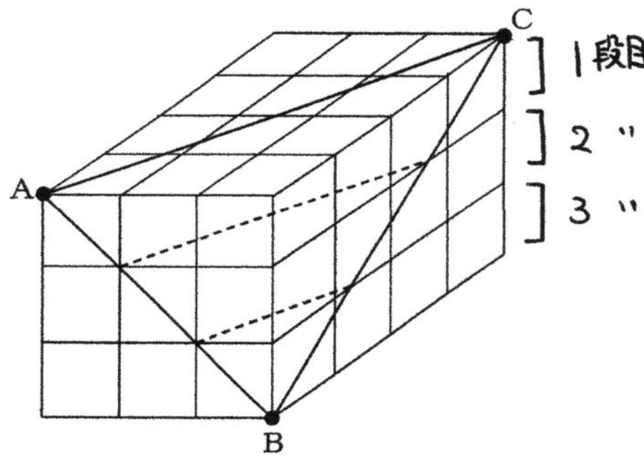

1段目

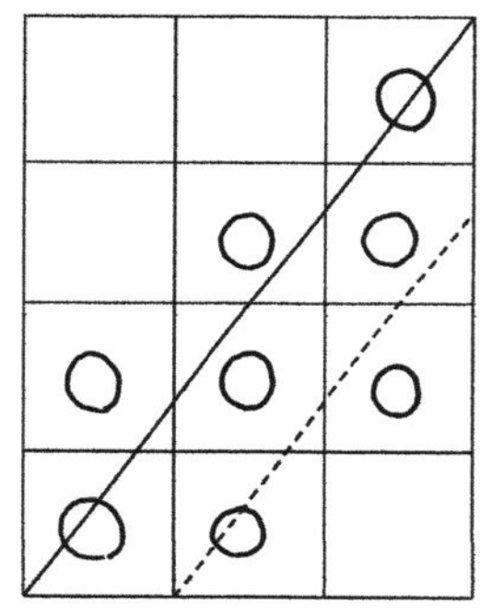

直線から点線に向けて切る

→ 切断される立方体は

○印の 8個

2段目

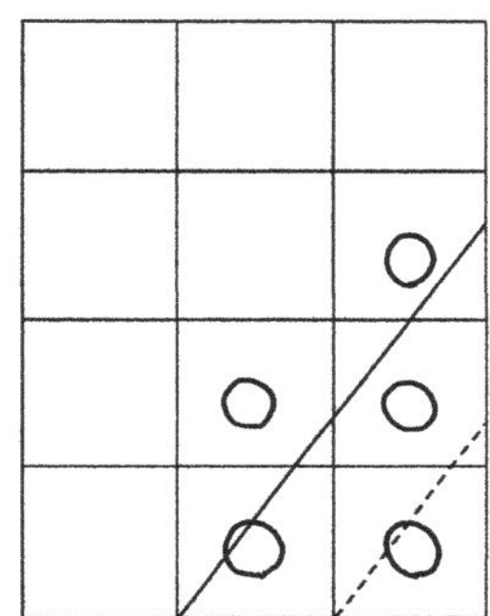

切断される立方体は 5個

3段目

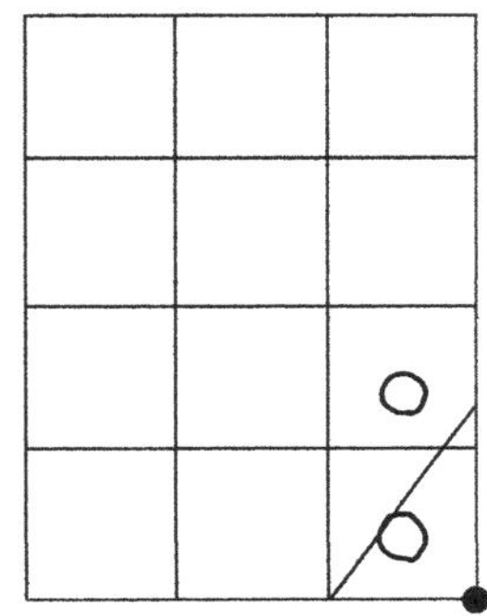

切断される立方体は 2個

よって，全体では

8 + 5 + 2 = 15個

〈参考〉 切り口の作図方法

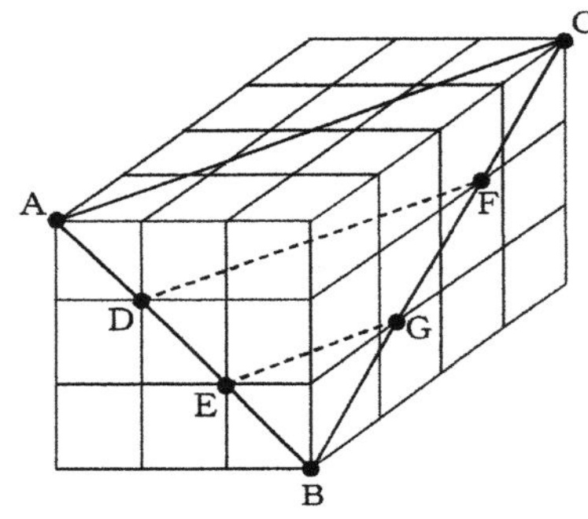

(1) 切り口BCの作図（たて：横＝3：4）

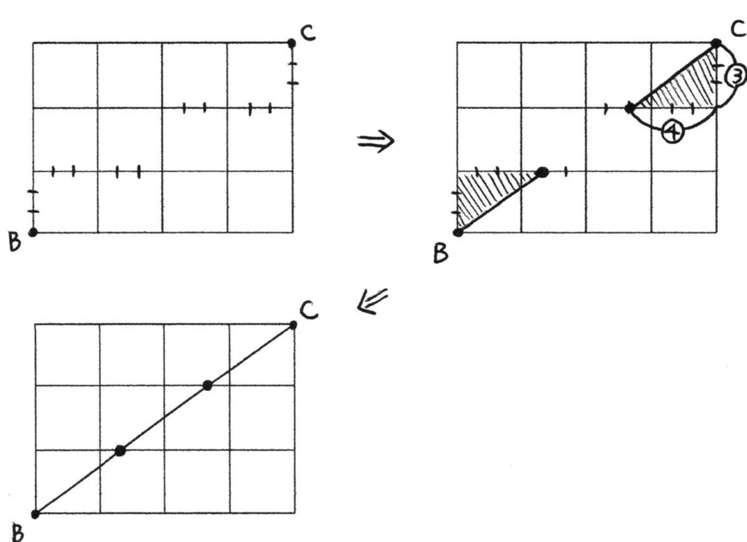

(2) 切り口DFの作図(たて:横=4:3)

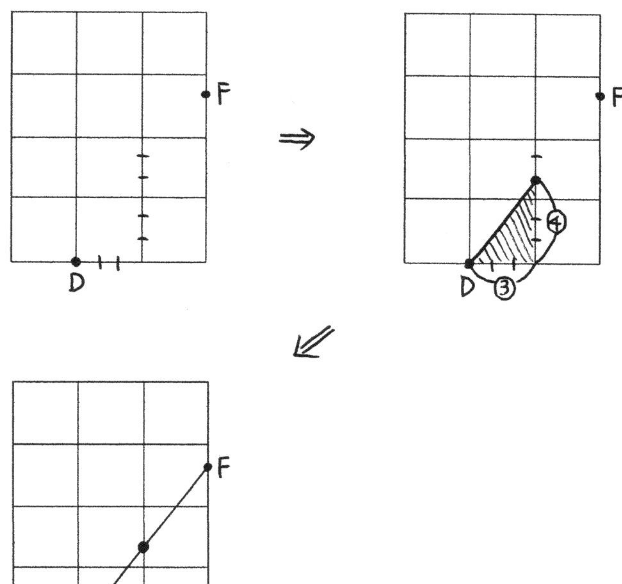

問題は 096 ページ参照

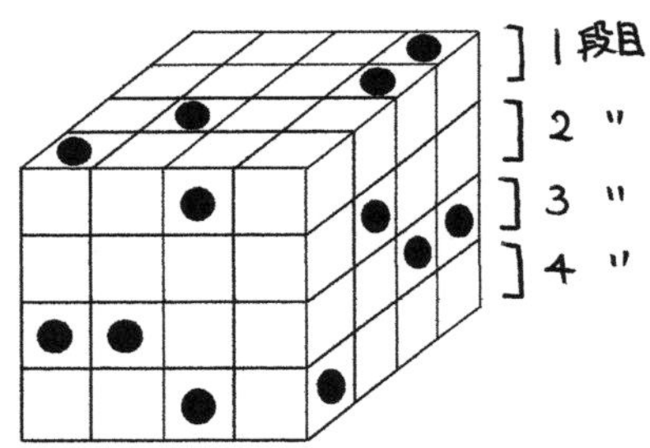

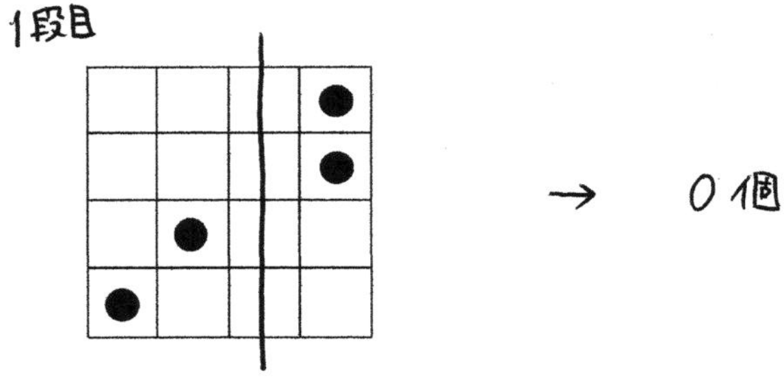

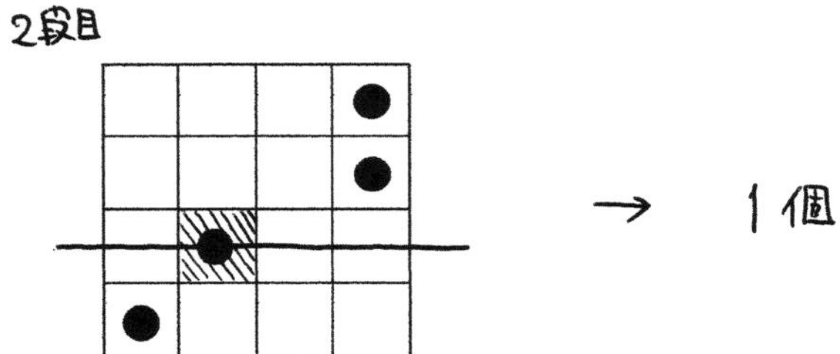

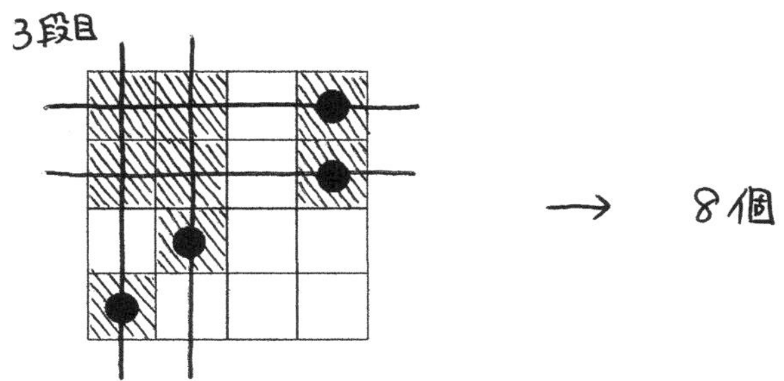

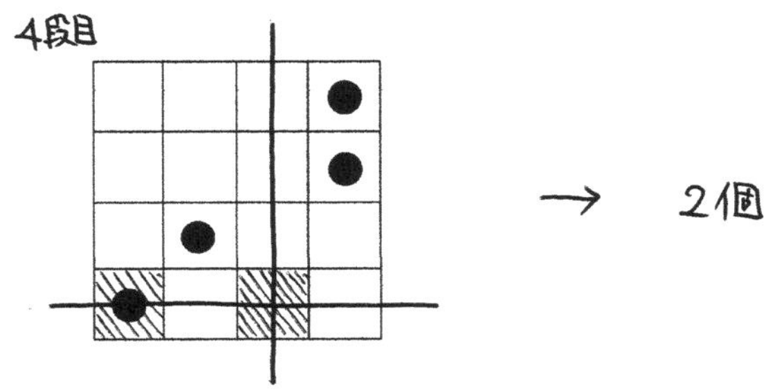

よって，全体では

0 + 1 + 8 + 2 ＝ 11個

問題は 097 ページ参照

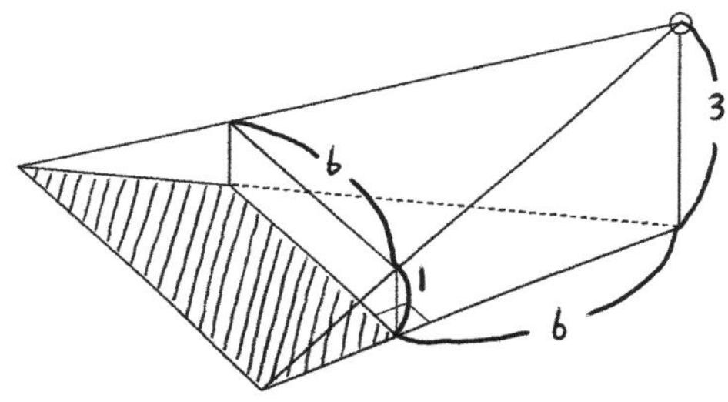

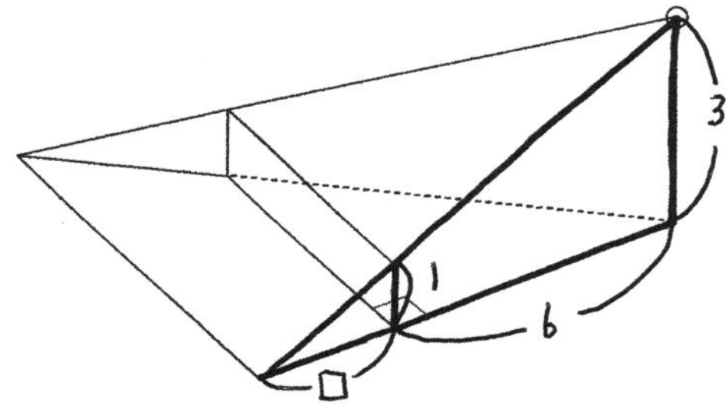

相似より

□:6 = 1:(3−1)

→ □ = 3 (m)

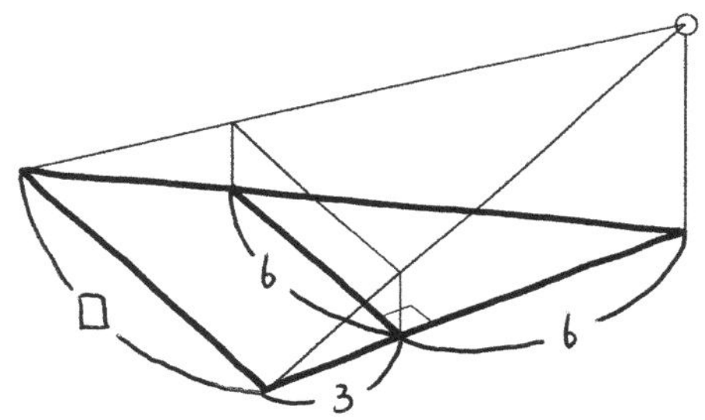

相似より

$6:\square=6:(6+3)$

$\rightarrow \square=9$ (m)

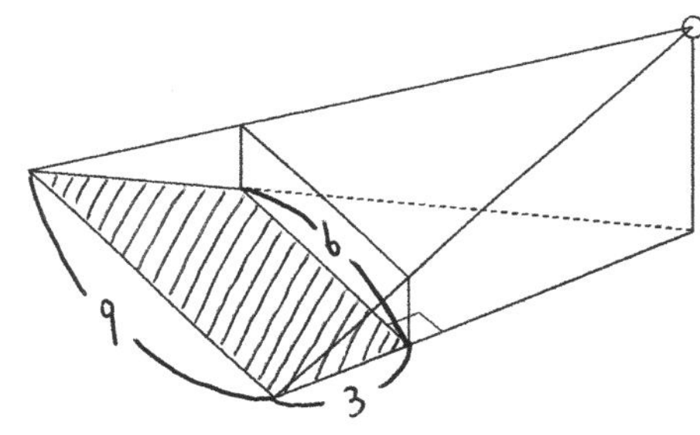

よって，影（台形）の面積は

$(6+9)\times 3\div 2$

$=\underline{22.5\ \text{m}^2}$

40 問題は 097 ページ参照

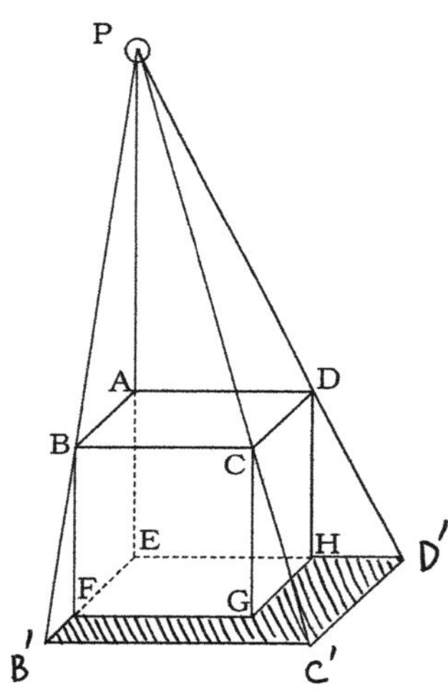

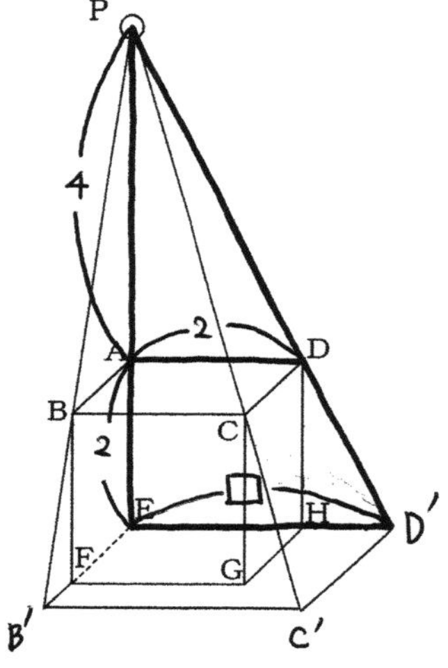

相似より

2 : □ ＝ 4 : (4+2)

→ □ ＝ 3 (cm)

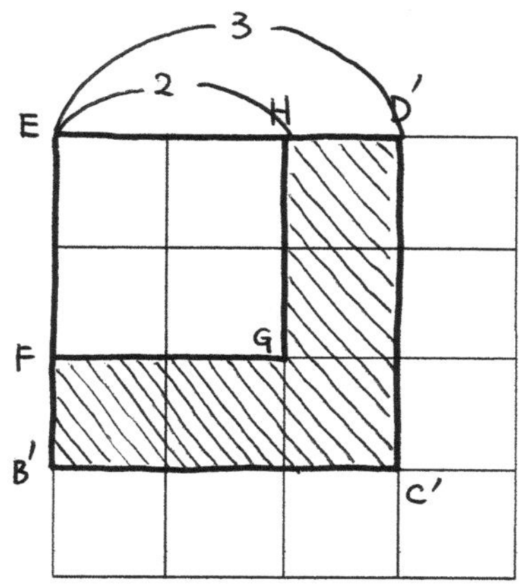

よって，影の面積は

$3 \times 3 - 2 \times 2$

$= \underline{5 \text{ cm}^2}$

3章

【難関校対策】

問　題

問題41

図のようにAB＝AC＝10cmの直角二等辺三角形があります。点Aを中心に1回転させたとき、辺BCが通る図形の面積を求めなさい。ただし、円周率は3.14とします。

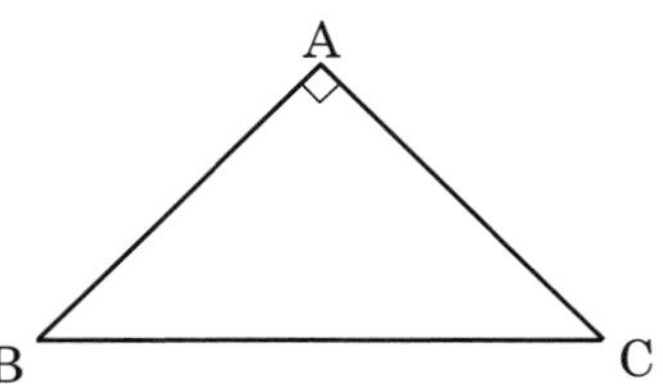

問題42

図のような1辺の長さが30cmの正三角形ABCがあります。PB＝10cmである点Pから発射された球は辺に当たると、図のように反射し、点Cに到達して止まりました。このときのCQの長さは何cmですか。

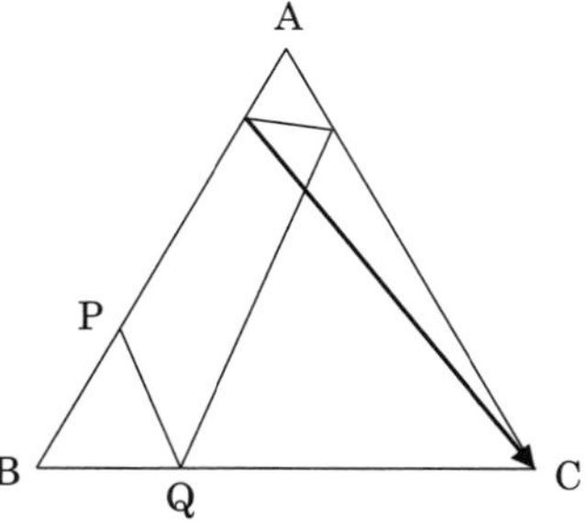

問題43

たて5㎝、横8㎝の長方形の中に、四角形ABCDを図のように書きました。CE＝2㎝、DF＝1㎝です。この四角形ABCDの面積は何㎠ですか。

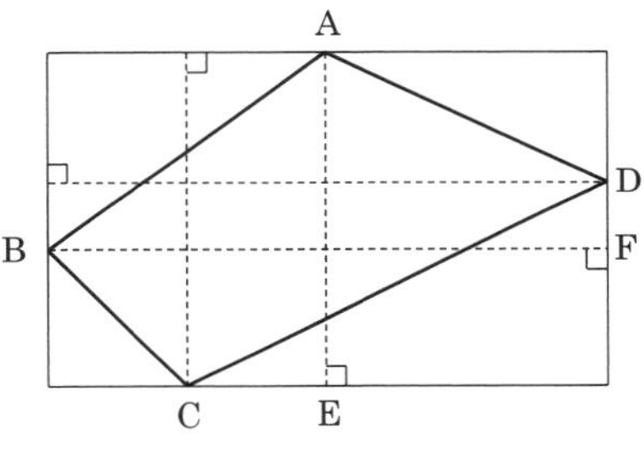

問題44

AB＝3㎝、BC＝4㎝、CA＝5㎝である直角三角形ABCに図のように正方形DEFGがBD＝BEで、点D、E、Gが三角形の辺に重なるように接しています。このとき、BEの長さを求めなさい。

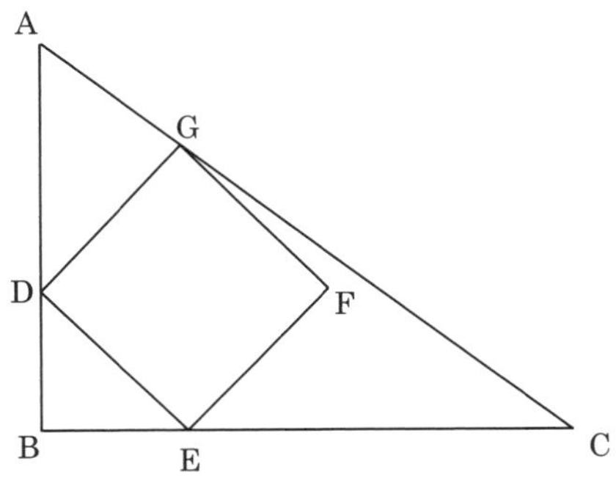

問題45

長方形の中に、各辺に接して半径５㎝の２つの円が重なって入っています。アの部分の面積がイの部分の面積の２倍と等しいとき、AB の長さは何㎝になりますか。

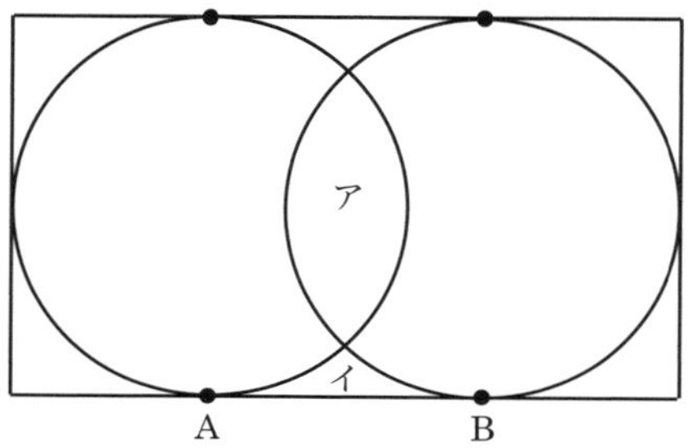

問題46

図のように、１つあたりの面積が 16㎠の正三角形が５つ並んでいます。両はしの正三角形の頂点を図のように結んだとき、斜線部分の面積の合計を求めなさい。

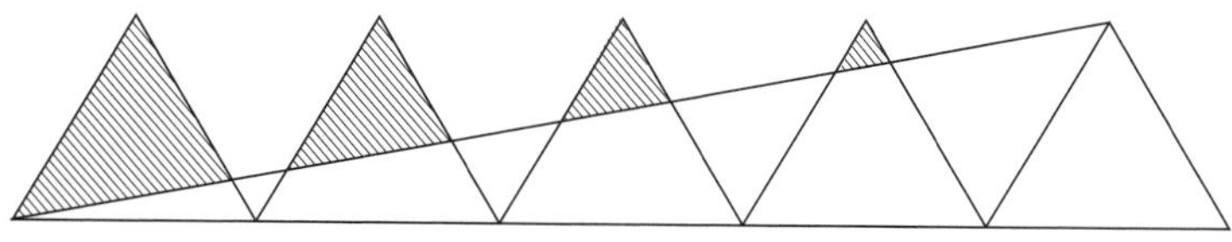

問題47

図のような１辺の長さ４cmの正方形を底面とし、高さが８cmの正四角すいA－BCDEがあります。辺ADを２等分する点をP、辺AEを２等分する点をQとし、四角形BCPQでこの立体を切断します。２つに分けられた立体のうち、下側の立体の体積を求めなさい。

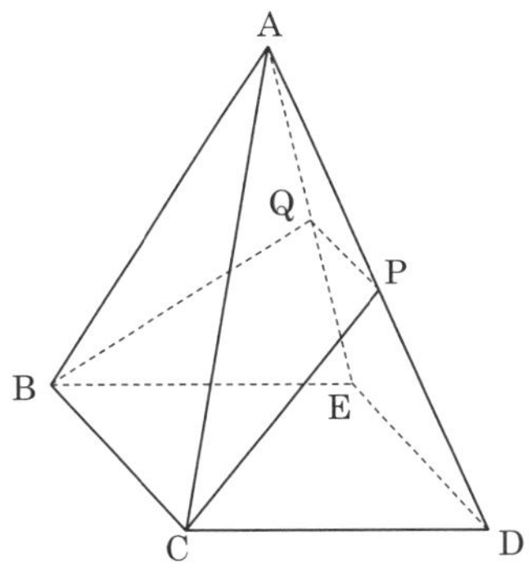

問題48

図のような立方体に、長さがもっとも短くなるようにAからBまでひもをかけました。ひもの長さが20cmのとき、この立方体の表面積を求めなさい。

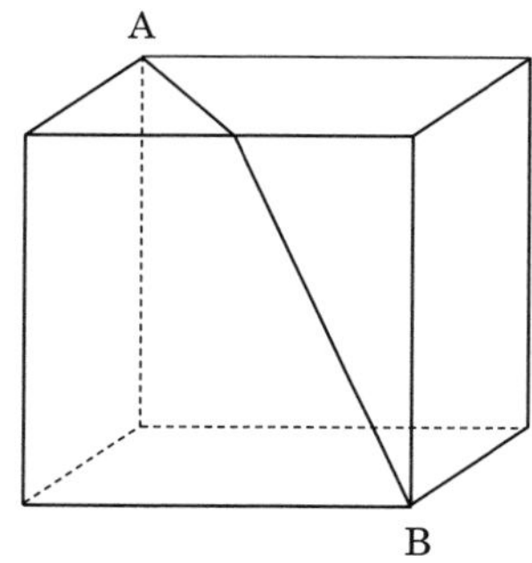

問題㊾

図のように１辺が４㎝の立方体 ABCD － EFGH があります。辺 AE 上に点 I 、辺 CG 上に点Kを AI：IE ＝ CK：KG ＝１：３となるようにとります。また、点 J は辺 BF を２等分する点です。４点D、I、J、Kを通る平面で切ったときに、点Bを含む立体を取り除き、点Fを含む立体 DIJK － HEFG について考えます。点Dに光源を置いたとき、平面 EFGH にできるこの立体の影の面積を求めなさい。

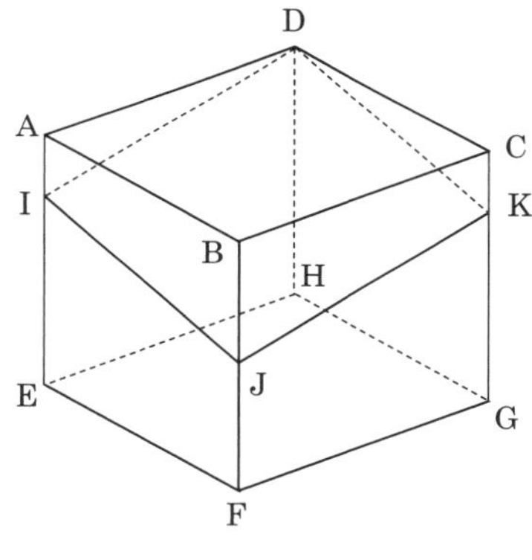

問題50

図１のように１辺が１㎝の立方体の各頂点に印（●）がついています。この立方体を組み合わせて新たな立方体を作ります。図２は１辺が２㎝の立方体を作った例です。このとき重なった頂点の印は１つになるものとして、合計 27 個の印が立方体の中にあります。１辺が 10㎝の立方体を作り、その立方体を図３の点Ａ、点Ｂ、点Ｃを通る平面で切断したとき、点Ｄを含む立体に印は何個ありますか。ただし、切断した面にある印も数えるものとします。

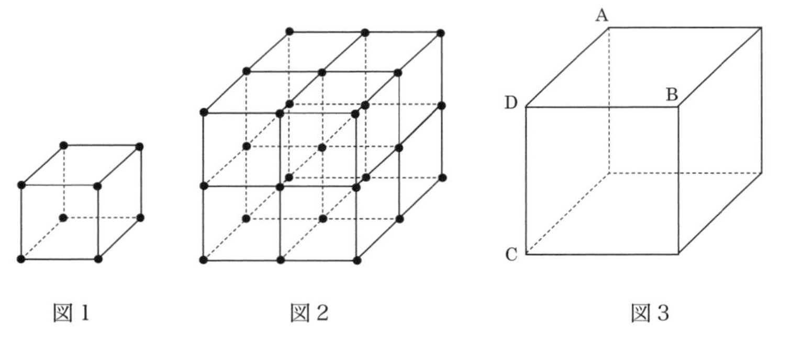

図１　　図２　　図３

【難関校対策】

問題解説

41 問題は152ページ参照

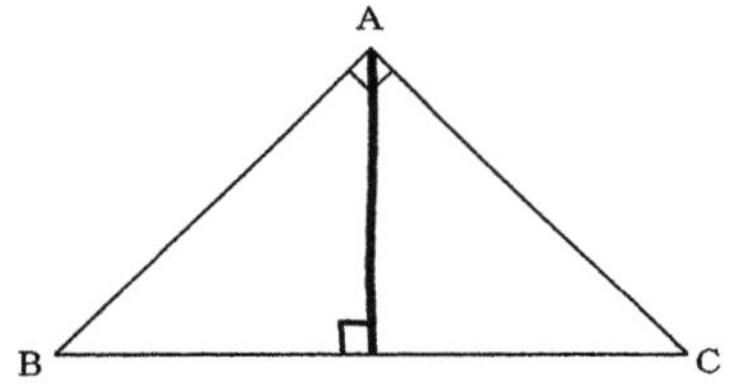

AからBCに垂直な線
を引くと…

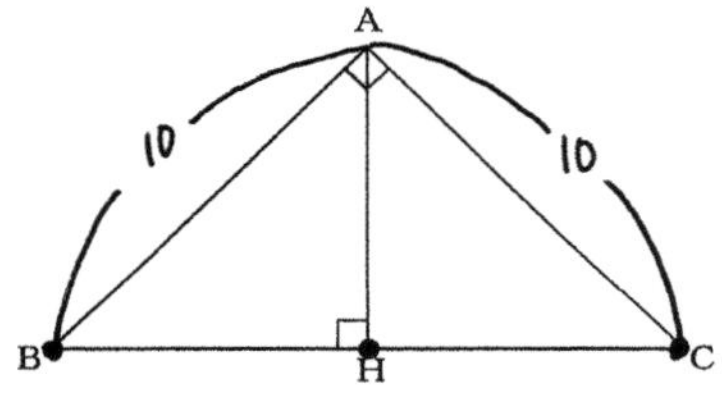

BC上で
Aから1番近い点 → H
Aから1番遠い点 → B, C

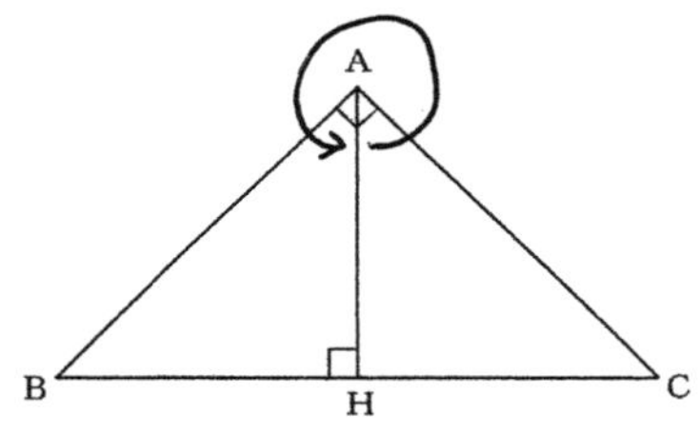

Aを中心に1回転すると…

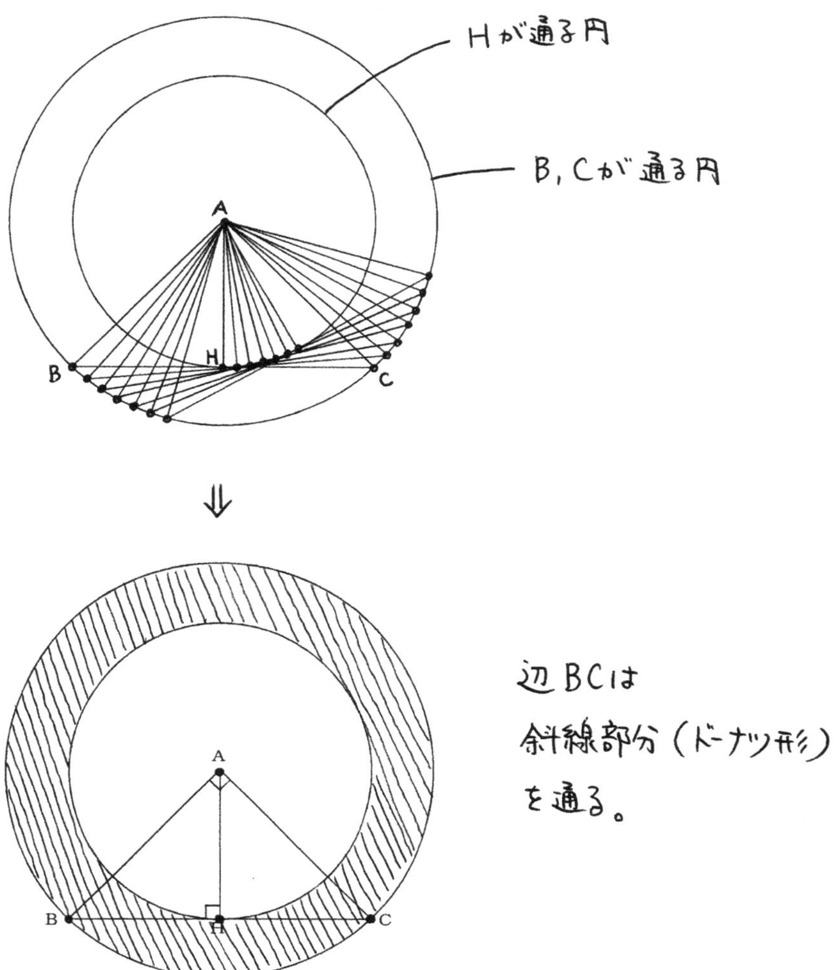
Hが通る円
B, Cが通る円
A
H
B
C
⇓
A
B
H
C
辺BCは
斜線部分（ドーナツ形）
を通る。

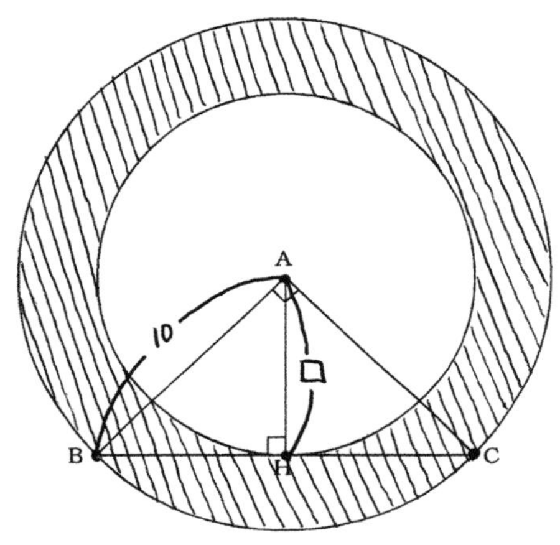

B, Cが通る円の面積は

$10 \times 10 \times 3.14$

$= 100 \times 3.14$ (cm²)

Hが通る円の面積は

$\square \times \square \times 3.14$ (cm²)

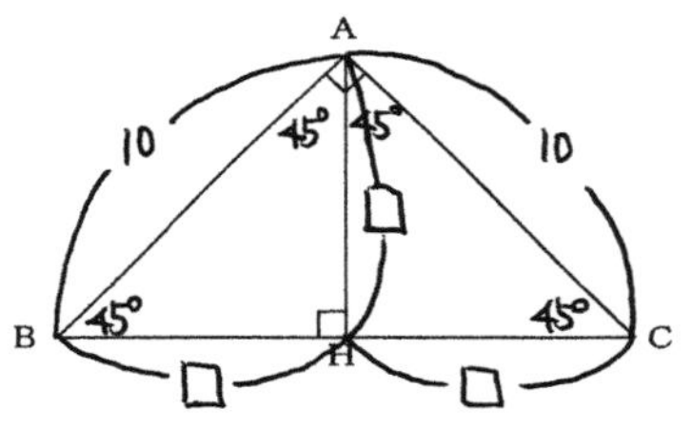

△ABCについて

$\underbrace{\square \times \square \times \frac{1}{2}}_{\triangle ABH} \times 2$

$= \underbrace{10 \times 10 \times \frac{1}{2}}$

ABを底辺としたときの△ABCの面積

$\rightarrow \square \times \square = 50$

よって，斜線部分の面積は，

$100 \times 3.14 - \square \times \square \times 3.14$

$= 100 \times 3.14 - 50 \times 3.14$

$= (100 - 50) \times 3.14$

$= 157 \ (\text{cm}^2)$ //

42 問題は 152 ページ参照

問題は 152 ページ参照

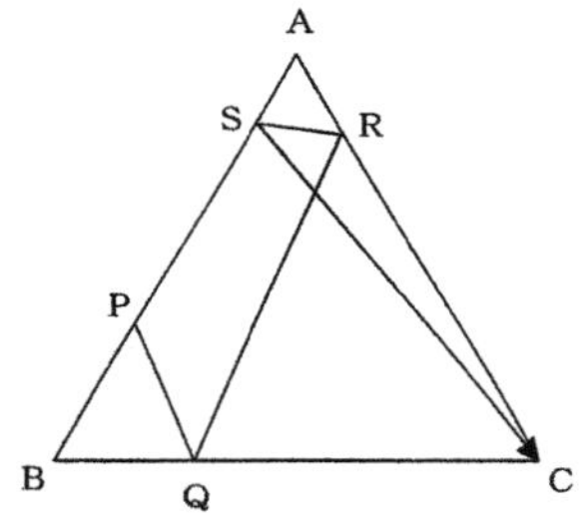

球が辺で反射せずに
直進すると…

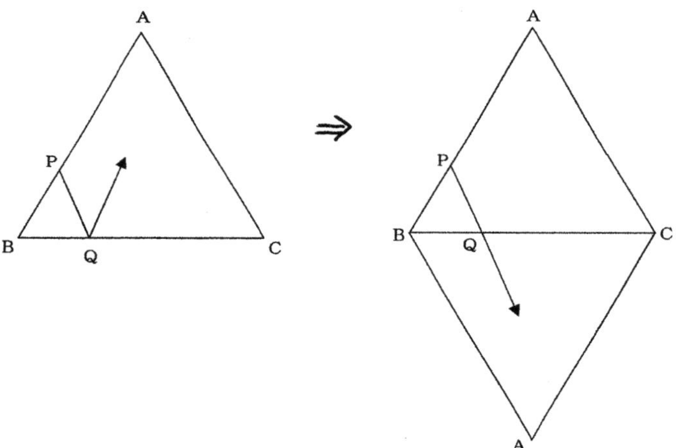

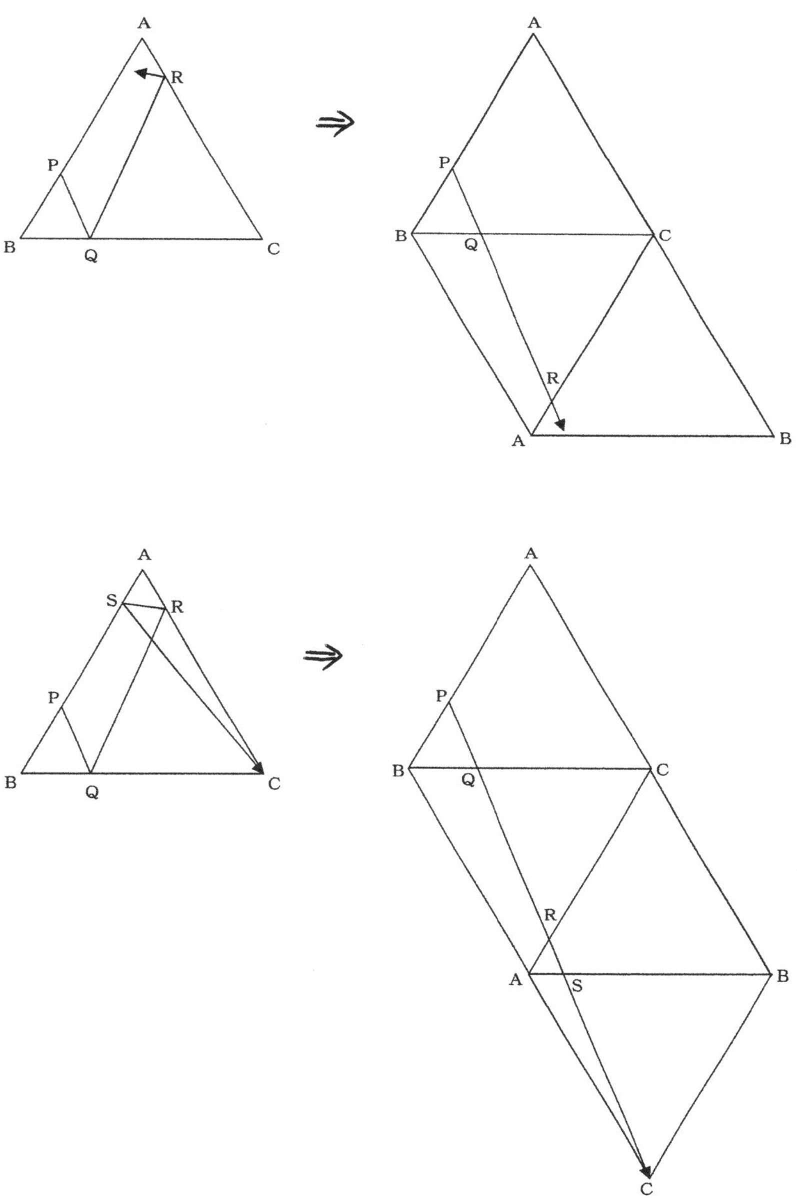
A
R
P
B
Q
C
⇒
A
P
B
Q
C
R
A
B
A
S
R
P
B
Q
C
⇒
A
P
B
Q
C
R
A
S
B
C

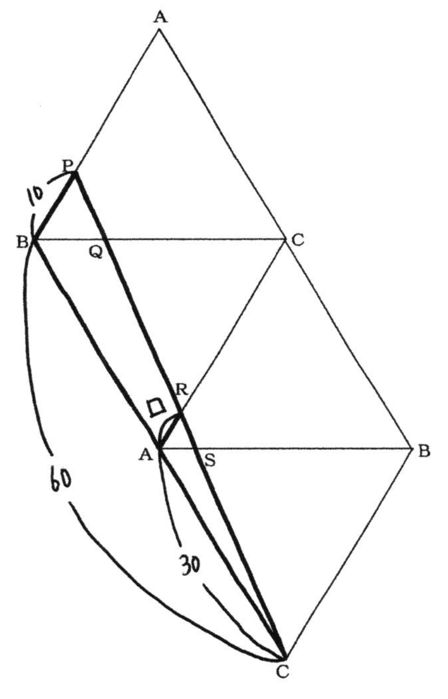

相似より

□ : 10 = 30 : 60

→ □ = 5 (cm)

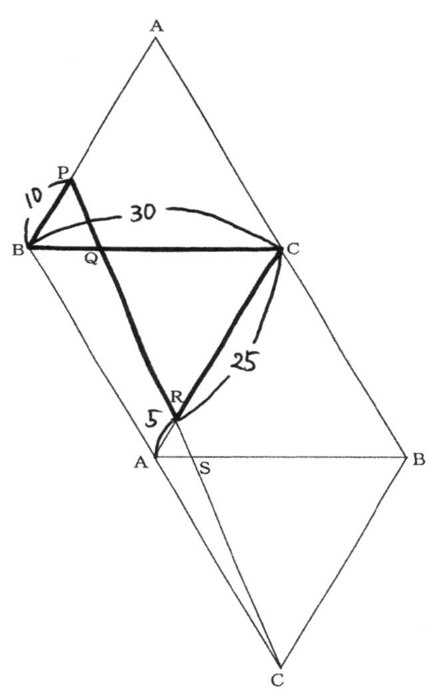

相似より

$$BQ : QC = 10 : 25$$

$$= 2 : 5$$

$$\rightarrow QC = 30 \times \frac{5}{2+5}$$

$$= 21\frac{3}{7}\ (cm)$$

43 問題は 153 ページ参照

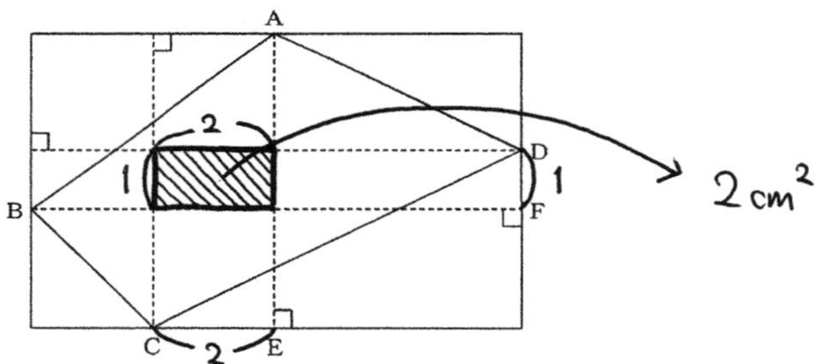

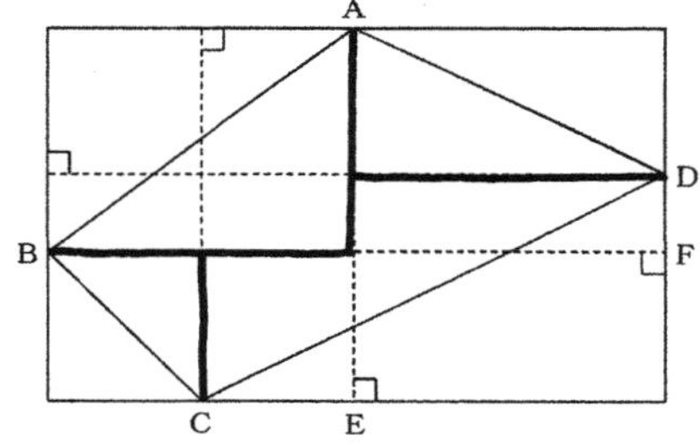

図のように分割
すると…

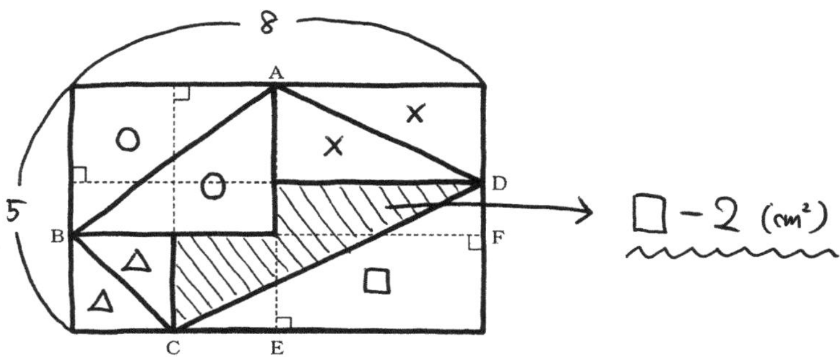

○○△△××□□ − 2 ＝ 5 × 8

→ ○○△△××□□ ＝ 42

→ ○△×□ ＝ 42 ÷ 2 ＝ 21

よって，四角形ABCDの面積は，

○△×□ − 2 ＝ 21 − 2

＝ 19 (cm²)

44　問題は 153 ページ参照

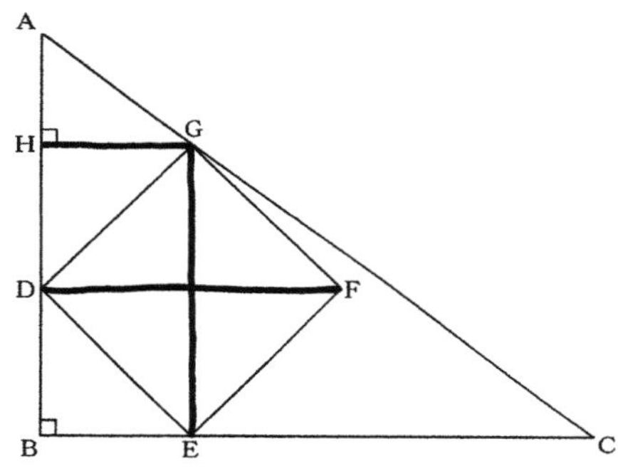

補助線（HG，GE，DF）を引く。

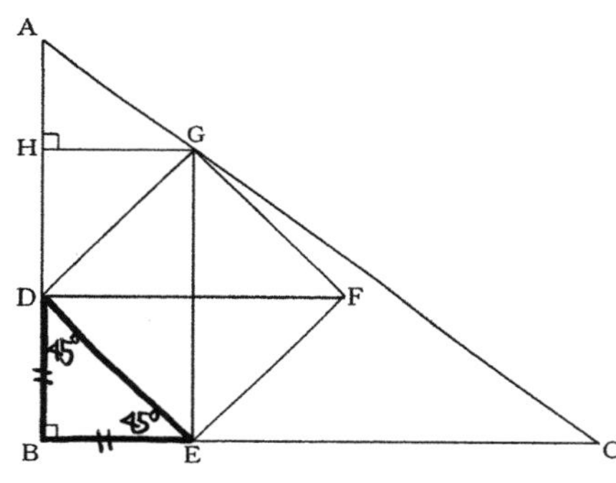

△BDE は直角二等辺三角形なので・・・

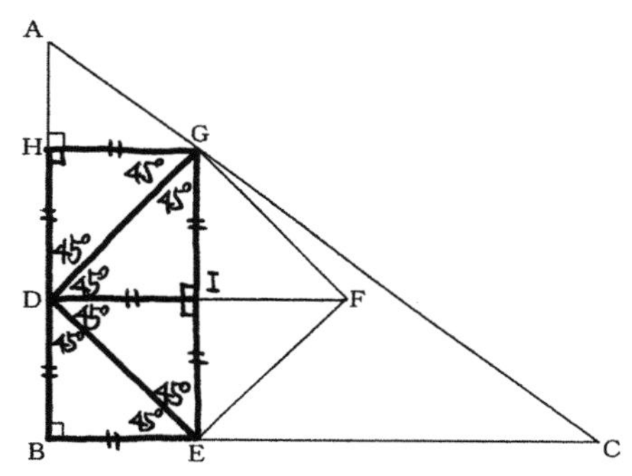

△HGD，△IDG，△IED も△BDE と合同な直角二等辺三角形になる。

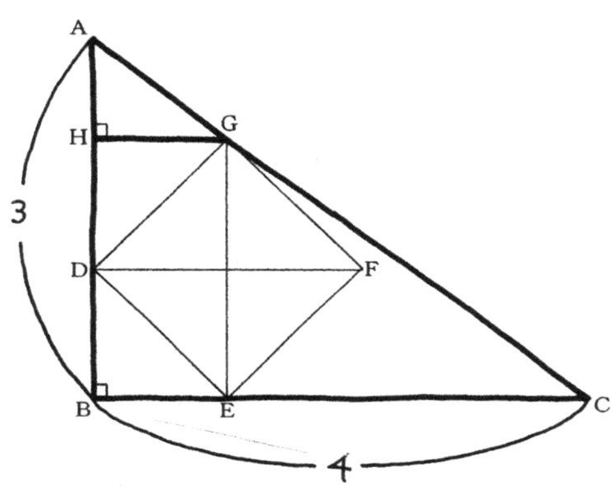

相似より

AH : HG ＝ AB : BC

＝ 3 : 4

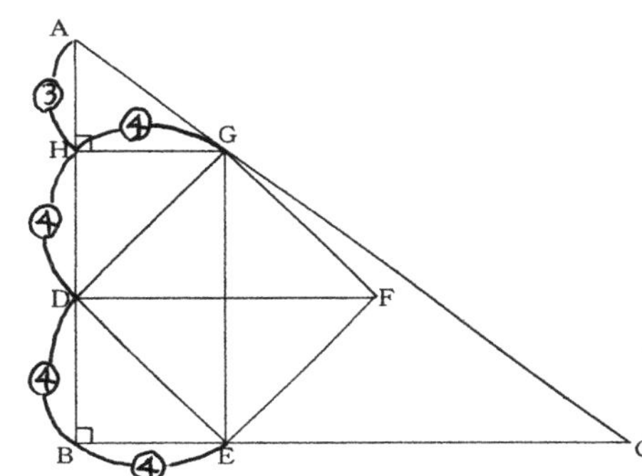

AB ＝ 3 (cm) より

③ ＋ ④ ＋ ④ ＝ 3

→ ① ＝ $\frac{3}{11}$ (cm)

よって，

BE ＝ ④

＝ $\frac{3}{11} \times 4$

＝ $1\frac{1}{11}$ (cm)

問題は 154 ページ参照

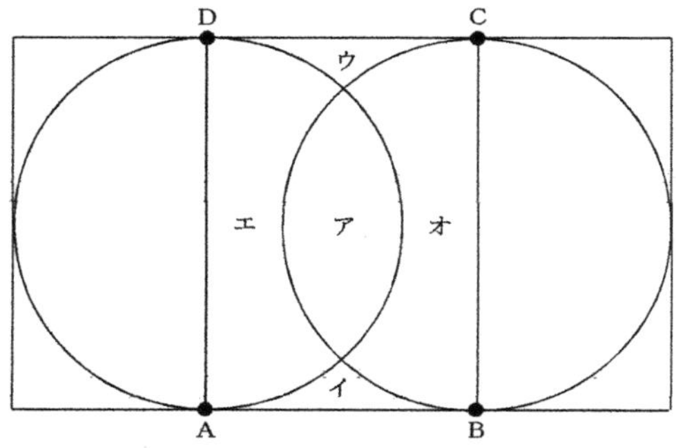

ア＝②

イ＝ウ＝①

エ＝オ＝1（四角囲み）

とする。

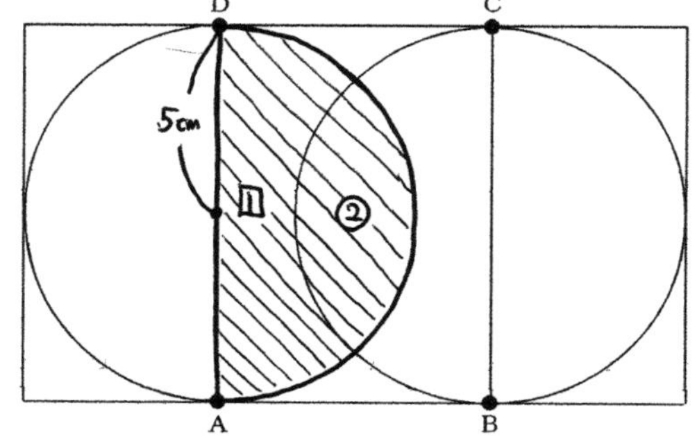

②＋1（四角囲み）

$= 5 \times 5 \times 3.14 \times \frac{1}{2}$

$= \frac{25}{2} \times 3.14$ (cm²)

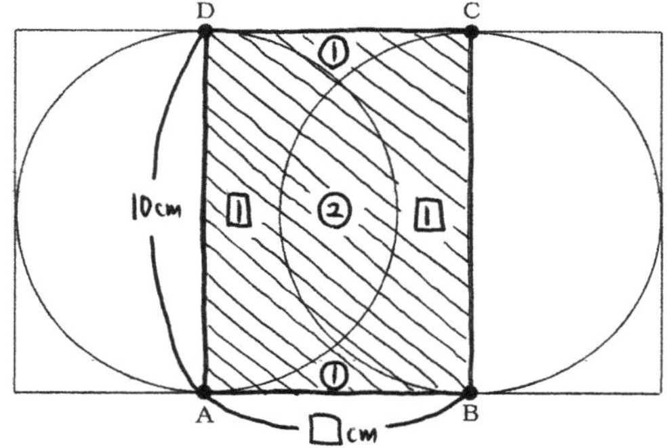

$$10 \times \square = ④ + \boxed{2}$$

$$= (② + \boxed{1}) \times 2$$

$$= \frac{25}{2} \times 3.14 \times 2$$

$$= 78.5$$

よって、$\square = 78.5 \div 10$

$$= 7.85 \text{ (cm)}$$

問題は 154 ページ参照

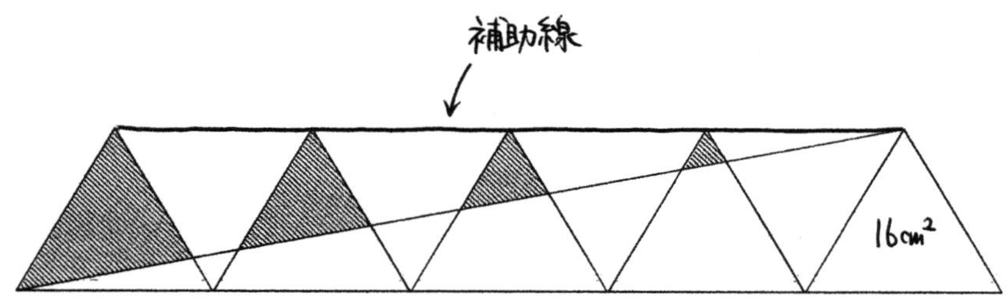

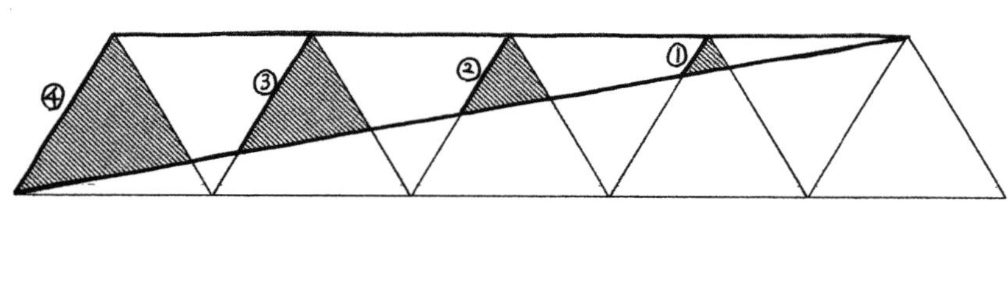

⇓

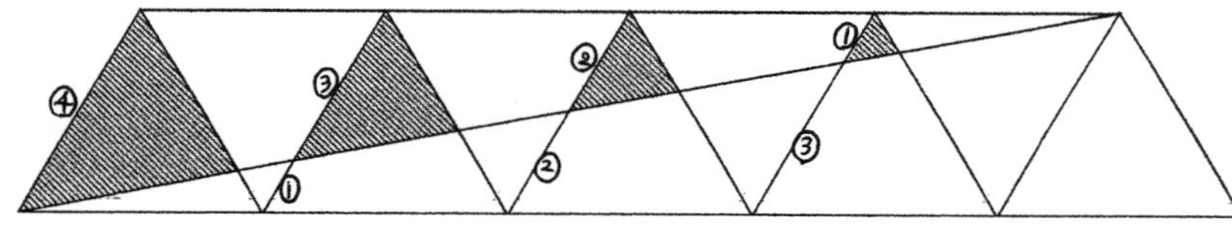

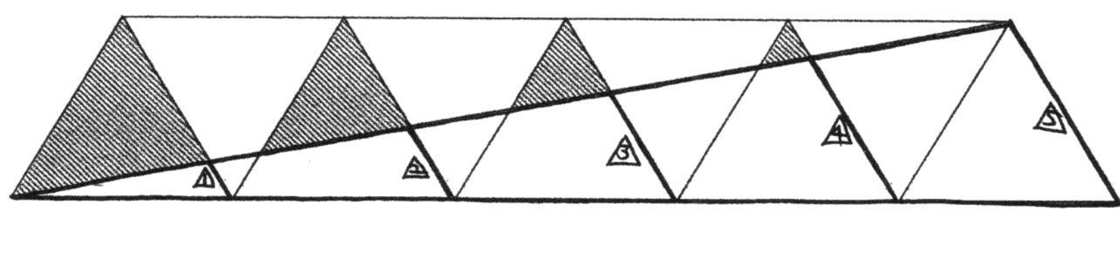

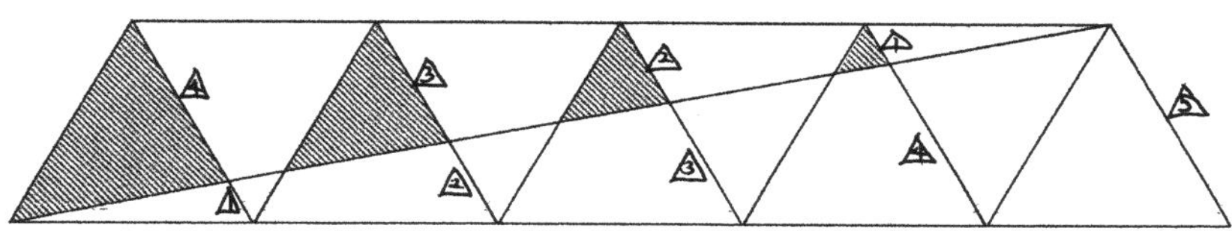

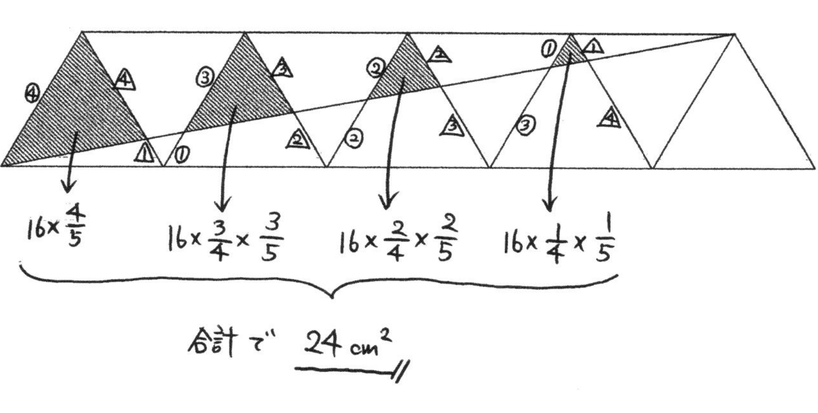

16×4/5
16×3/4×3/5
16×2/4×2/5
16×1/4×1/5
合計で 24cm²

47 問題は 155 ページ参照

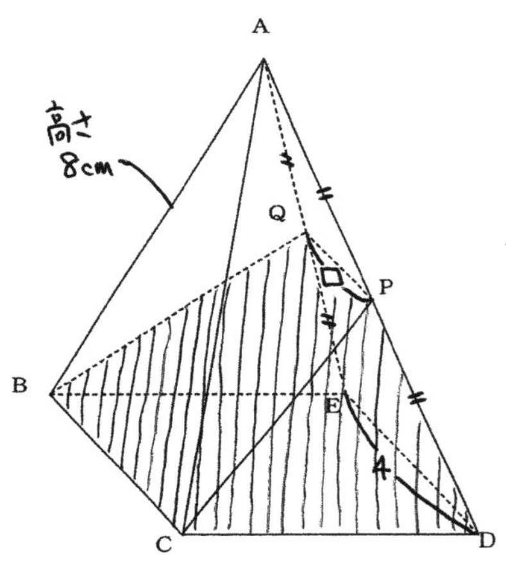

相似より

□：4 ＝ 1：2

→ □＝2cm

下の立体（斜線）の高さは

$8 \times \frac{1}{2} = 4$cm

四角すい A-BCDE の半分

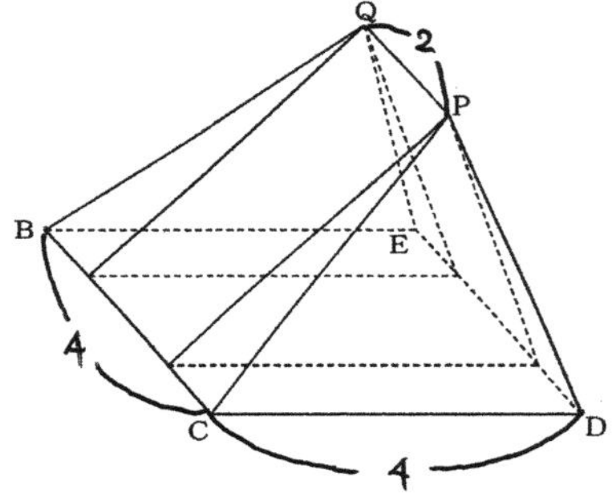

P, Qから底面（BCDE）に垂直に切断すると…

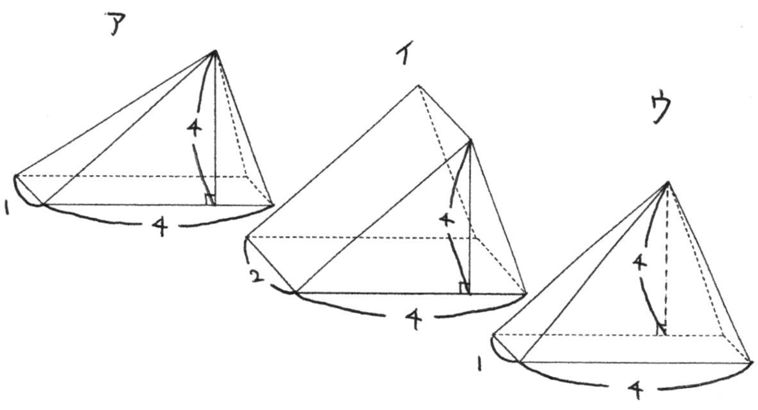

四角すい2個（ア，ウ）と三角柱（イ）になる。

ア（ウ）の体積は $1 \times 4 \times 4 \times \frac{1}{3} = \frac{16}{3}$ cm^3

イの体積は $4 \times 4 \times \frac{1}{2} \times 2 = 16$ cm^3

よって，下の立体の体積は，$\frac{16}{3} \times 2 + 16$

$= 26\frac{2}{3}$ (cm^3)

〈別解〉

断頭三角柱（三角柱をななめに切断してできた立体）

の体積は

底面積(断面積) × 高さの平均

で求めることができます。

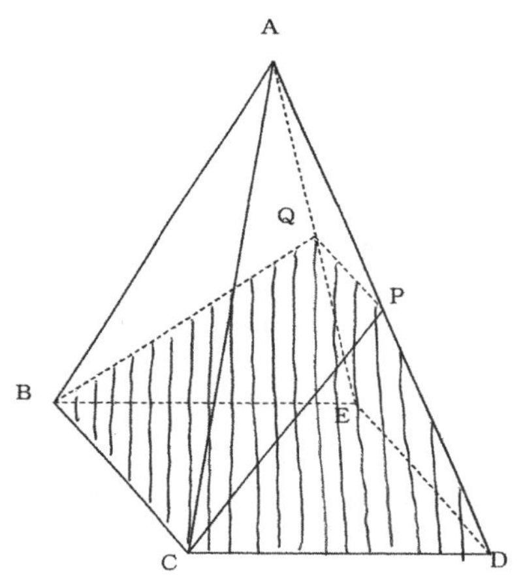

断頭三角柱として

見ると…

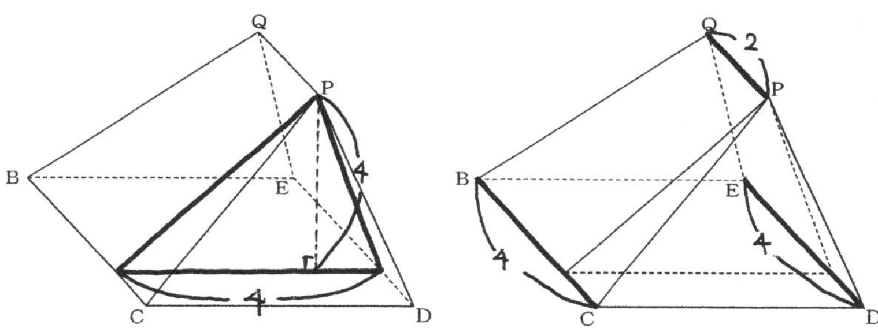

体積は,

$$\underbrace{4 \times 4 \times \frac{1}{2}}_{\text{断面積}} \times \underbrace{\frac{2+4+4}{3}}_{\text{高さの平均}}$$

$= 26\frac{2}{3}$ (cm³)

48 問題は156ページ参照

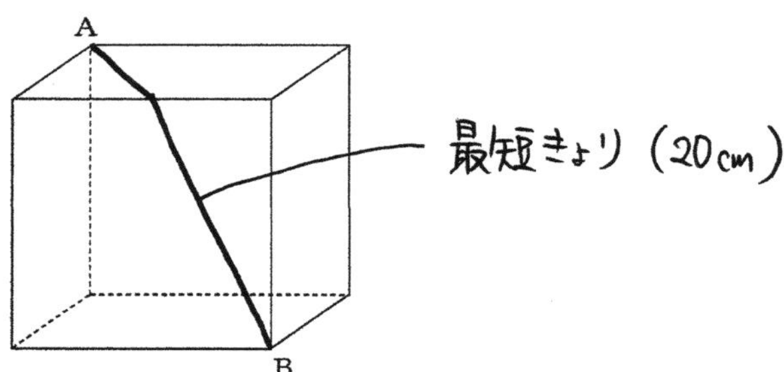

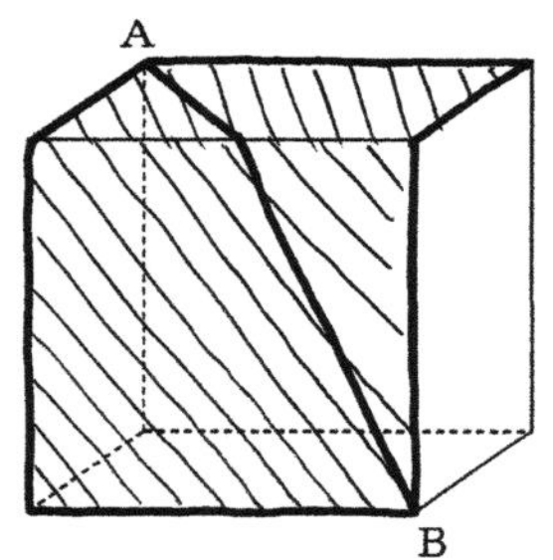

ひもが通っている面の
展開図をかくと・・・

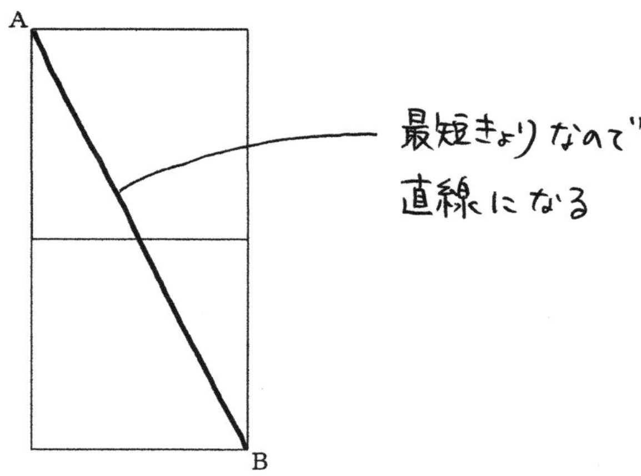

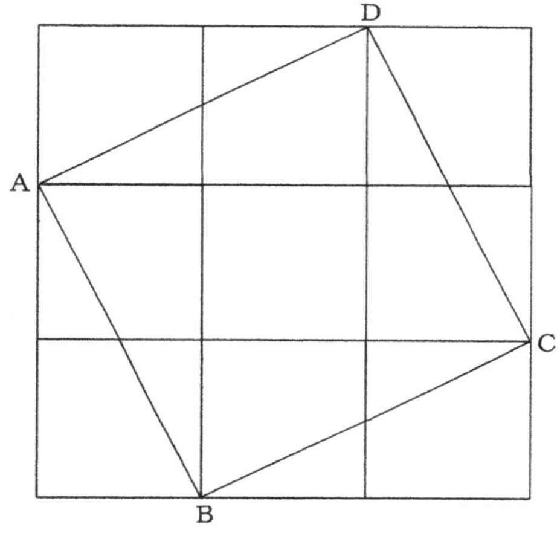

ABを1辺とする

正方形を作ると…。

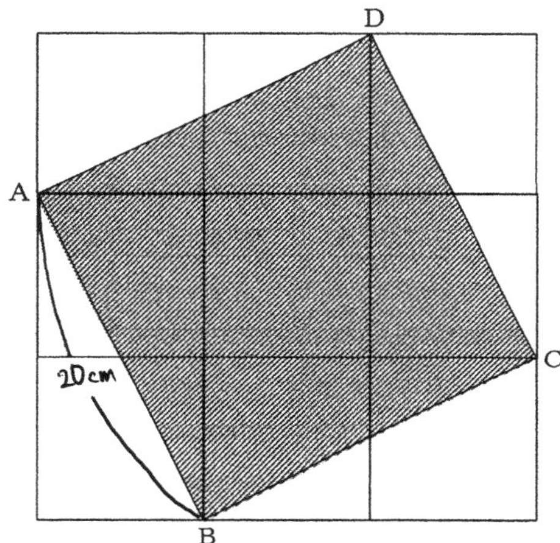

正方形ABCD

$= 20 \times 20$

$= 400\ cm^2$

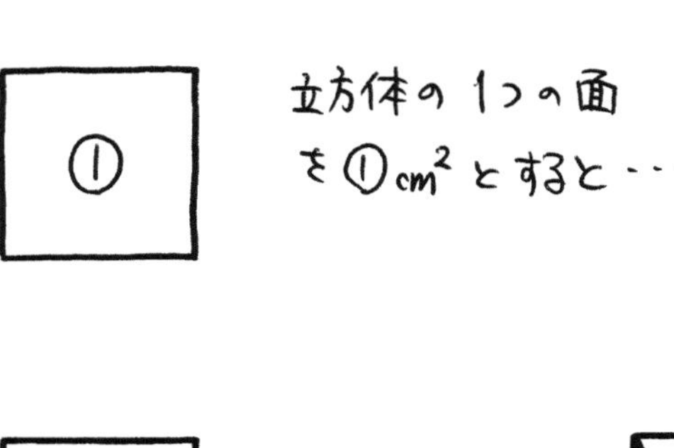
①
立方体の 1つの面
を①cm² とすると・・・

②
⇒
①
①

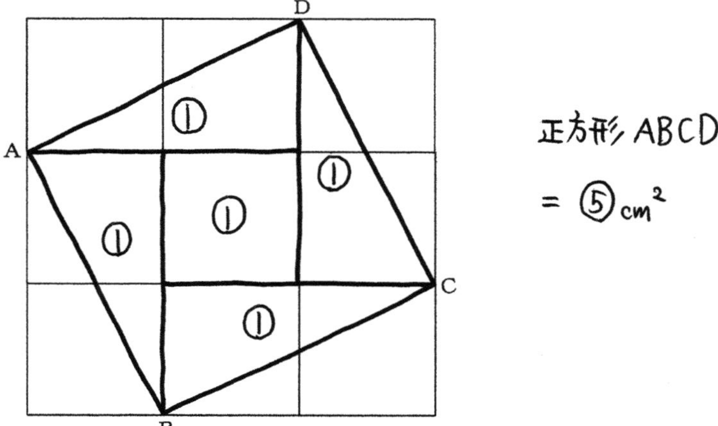
D
A
B
C
①
①
①
①
①
正方形 ABCD
= ⑤cm²

よって，　⑤ ＝ 400　→　① ＝ 80 (cm²)

立方体の表面積は

① × 6 ＝ ⑥ ＝ 480 cm²

49 問題は 157 ページ参照

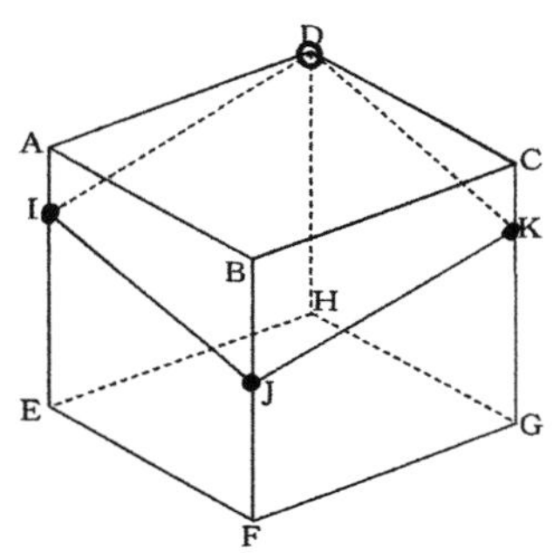

I, J, K が地面（平面EFGH）に着地する点をI′, J′, K′とする。

上から見た図 →

D 4cm K
4cm 立体
I J

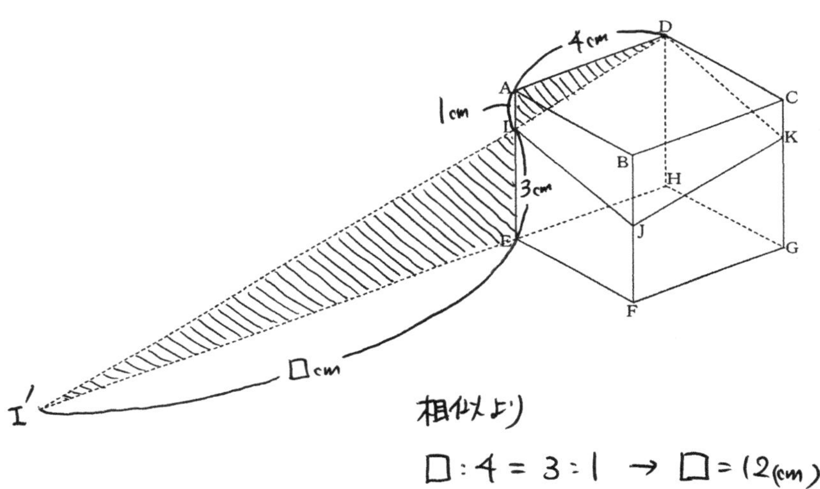
D
4cm
A
C
1cm
I
K
B
H
3cm
J
E
G
F
□cm
I′
相似より
□：4 = 3：1 → □ = 12(cm)

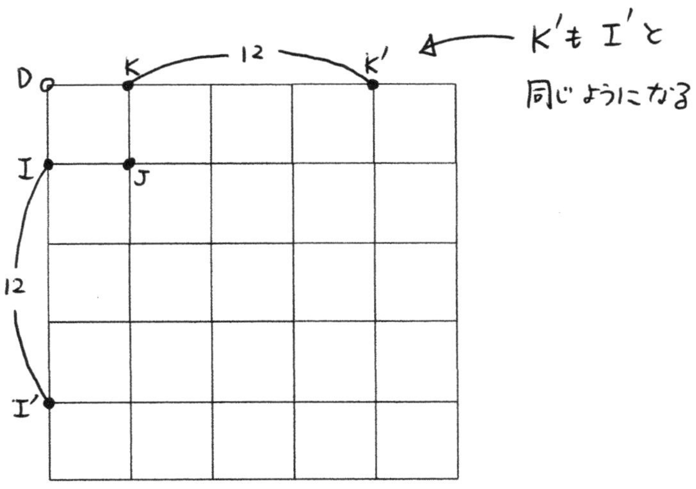
K′も I′と
同じようになる
D
K
12
K′
I
J
12
I′

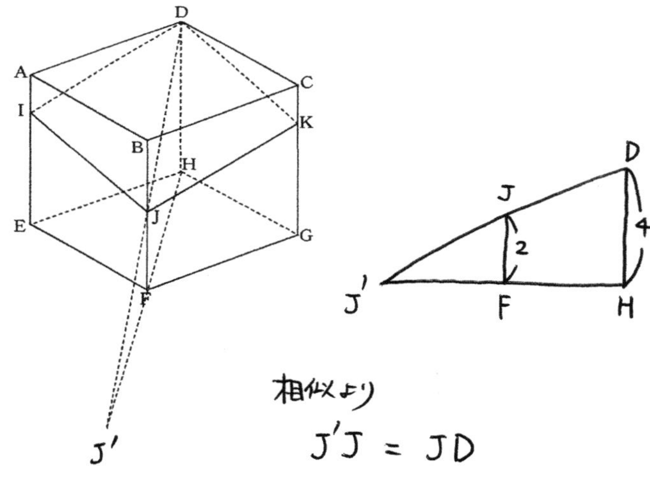
D
A
C
I
K
B
H
J
E
G
F
J'
D
J
4
2
J'
F
H
相似より
J'J = JD

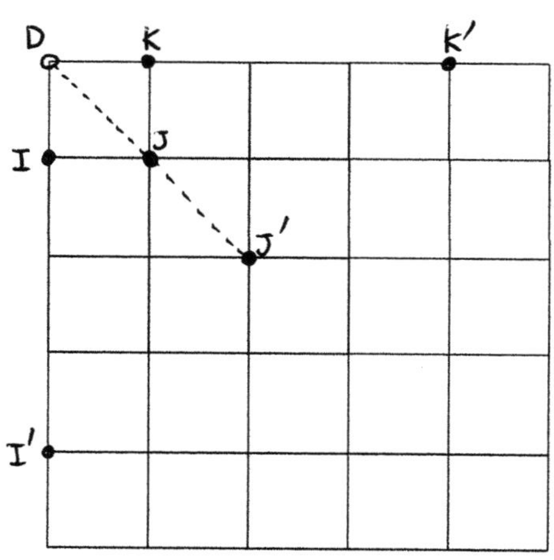
D
K
K'
I
J
J'
I'

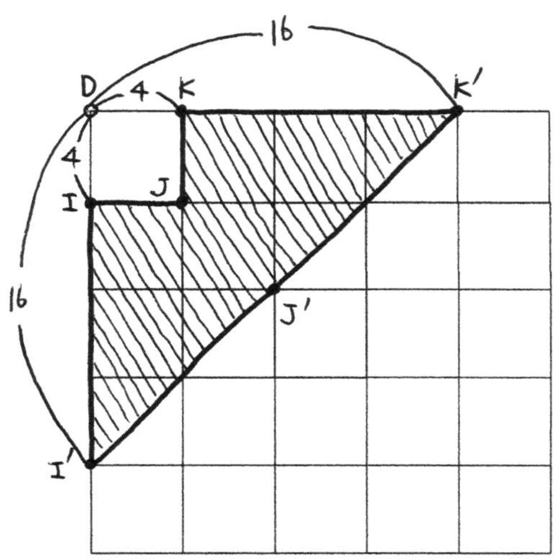

影の形は
図のようになる。

よって，影の面積は

$16 \times 16 \times \frac{1}{2} - 4 \times 4$

$= \underline{112\ cm^2}$

50 問題は 158 ページ参照

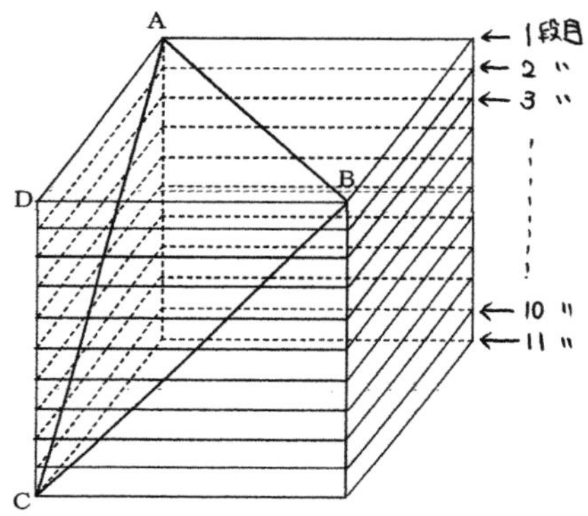

1段目

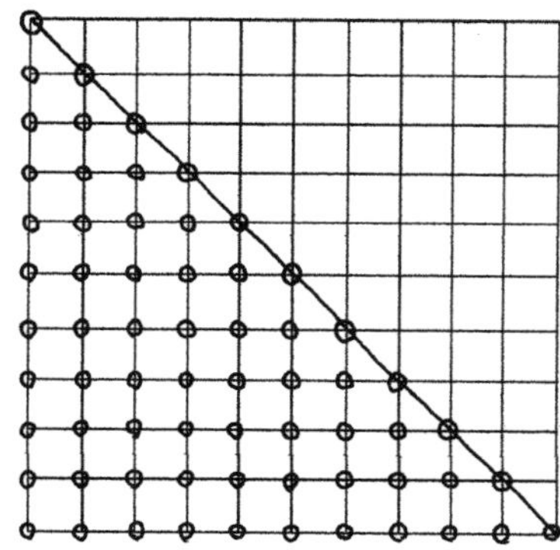

1 + 2 + 3 + ･･･ + 11

= 66（個）

2段目

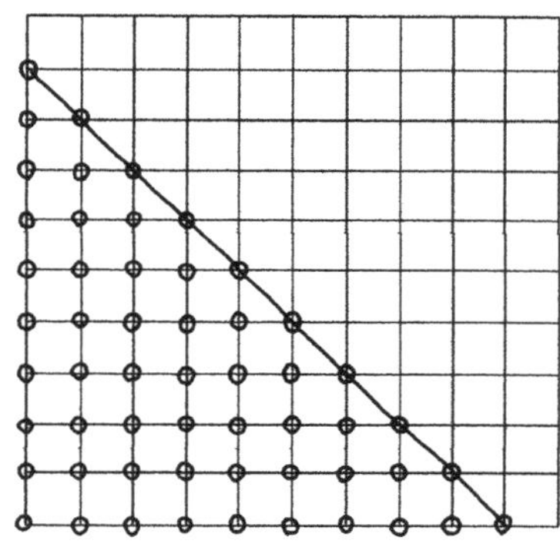

$1+2+3+\cdots+10$

$= 55$(個)

同様にして,

3段目 $= 1+\cdots+9 = 45$(個)

4 〃 $= 1+\cdots+8 = 36$

5 〃 $= 1+\cdots+7 = 28$

6 〃 $= 1+\cdots+6 = 21$

7 〃 $= 1+\cdots+5 = 15$

8 〃 $= 1+\cdots+4 = 10$

9 〃 $= 1+2+3 = 6$

10 〃 $= 1+2 = 3$

11 〃 $= 1$

よって、合計は $66+55+45+36+28+21+15+10+6+3+1$

$= \underline{286}$(個)

4章

補充問題

問題51

三角形 ABC で、BD、BE は角 B を三等分し、CD、CE は角 C を三等分しています。角 A の大きさが 74 度のとき、角 BDC と角 BEC の大きさの和は何度ですか。

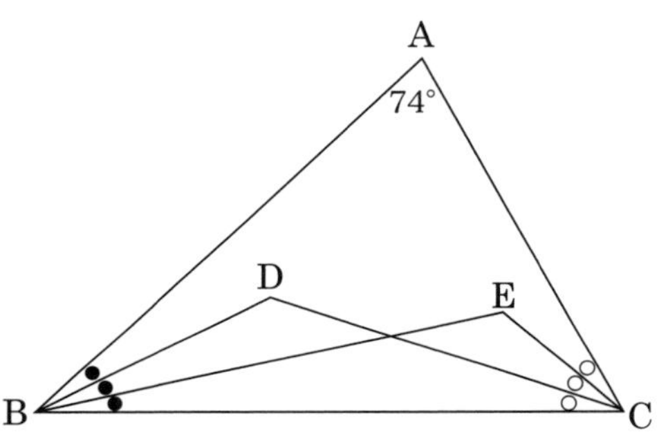

問題52

AB ＝ 4 ㎝、AD ＝ 6 ㎝の長方形 ABCD と、1 辺 3 ㎝の正方形 PQRS があります。斜線部分の面積を求めなさい。

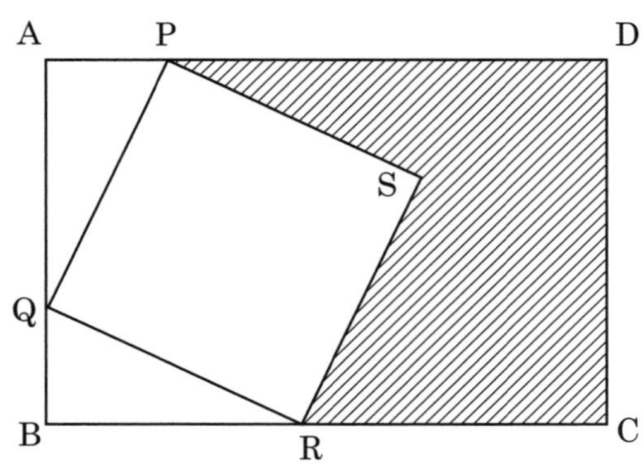

問題53

図のように正方形が5個あります。AB＝7㎝のとき、正方形1個の面積を求めなさい。

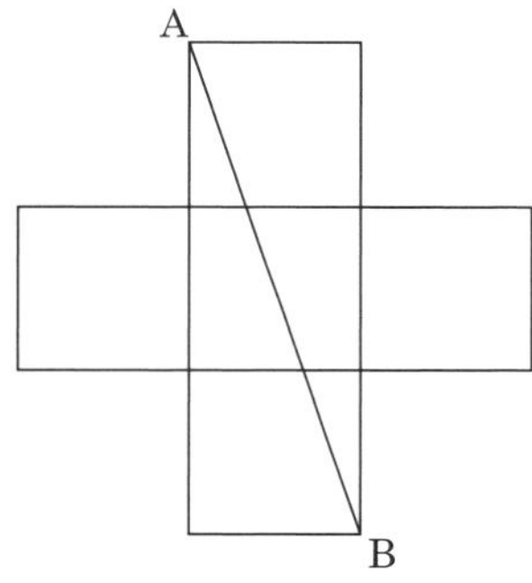

問題54

AC＝4㎝で、辺ABと辺ADの長さが等しいとき、四角形ABCDの面積を求めなさい。

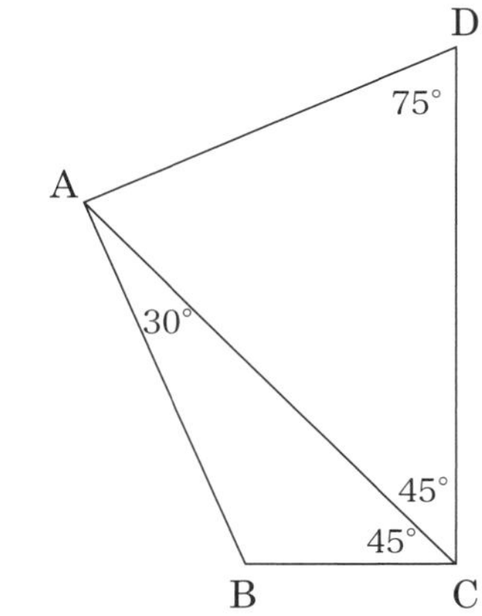

補充問題
解説

51　問題は 192 ページ参照

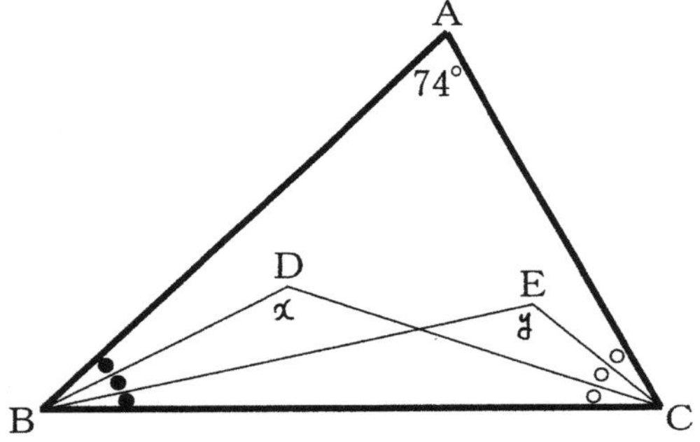

角BDC = x，角BEC = y とする

△ABCで

$74° + ●●● + ○○○ = 180°$

→ $●●● + ○○○ = 106°$ …(1)

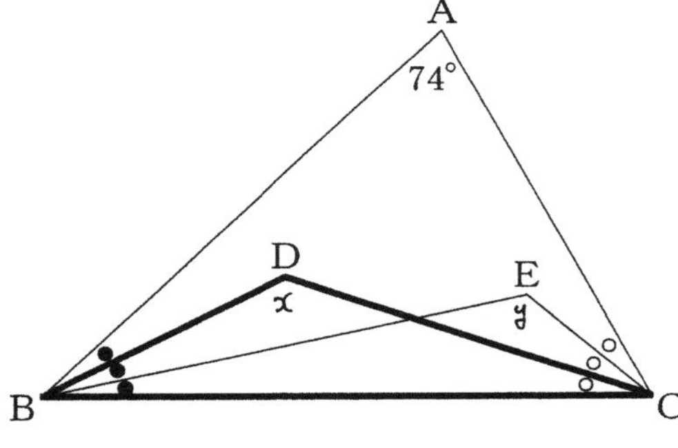

△BDCで

$x + ●● + ○ = 180°$ …(2)

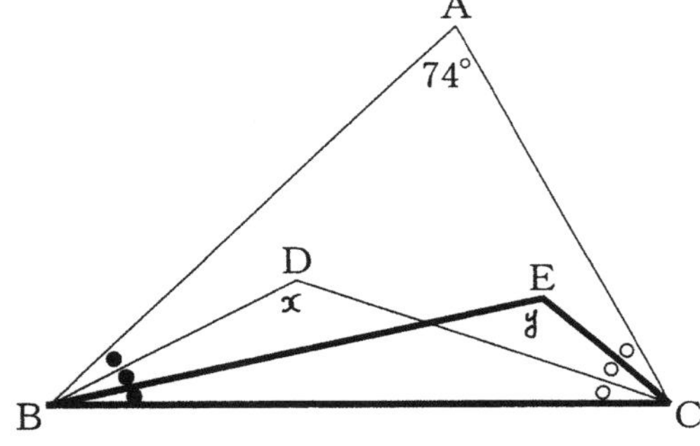

△BECで

$y + ● + ○○ = 180°$ …(3)

(2) + (3) より，　$x + y + ●●● + ○○○ = 360°$ → $x + y = 360 - 106$

（(1)より 106°）

$= 254$ 度

52 問題は 192 ページ参照

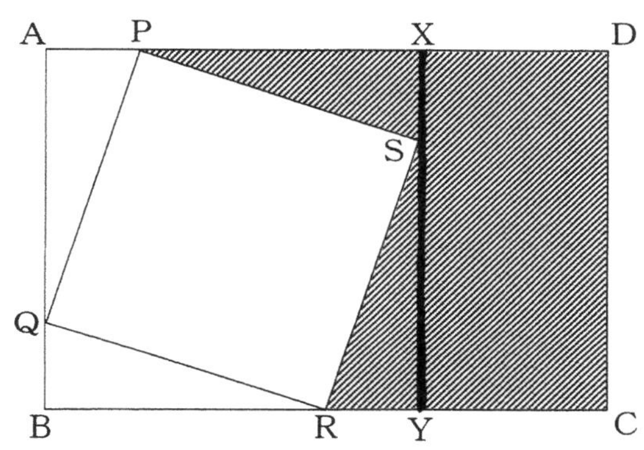

補助線XYを引くと，
四角形ABYXは正方形になる

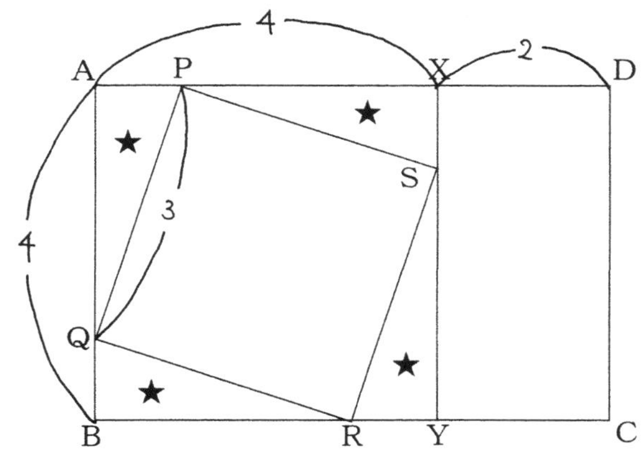

★×4
= 正方形ABYX − 正方形PQRS
$= 4\times4-3\times3$
$= 7$
→ ★ $= \dfrac{7}{4}\ \mathrm{cm}^2$

よって，斜線 $= \dfrac{7}{4}\times2 + 4\times2 = \underline{11.5\ \mathrm{cm}^2}$ //

（$\dfrac{7}{4}\times2$：★2個，4×2：長方形XYCD）

53 問題は 193 ページ参照

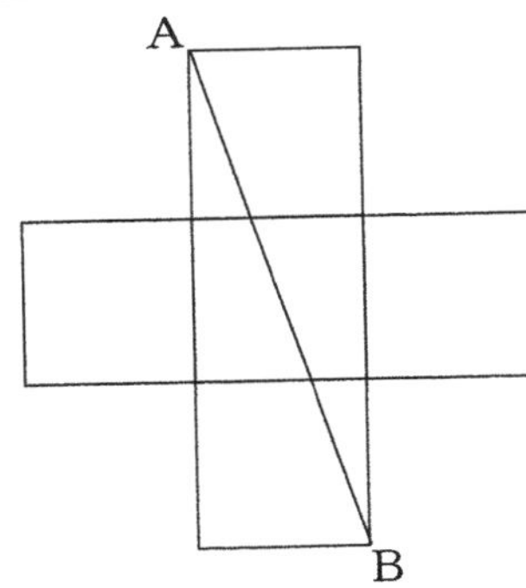

ABを1辺とする正方形ABCDを作図すると…

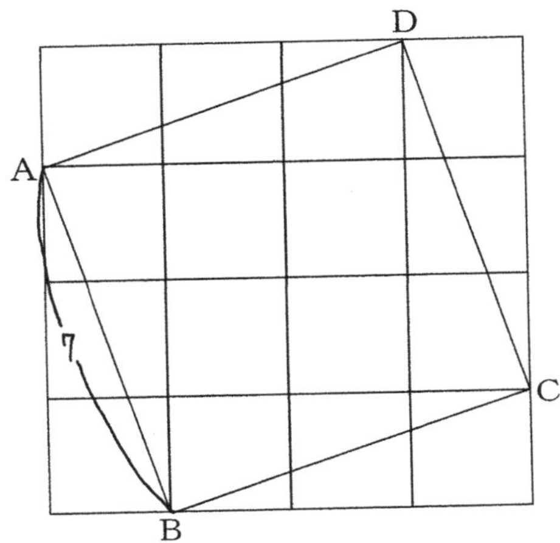

正方形ABCD = 7×7 = 49cm²

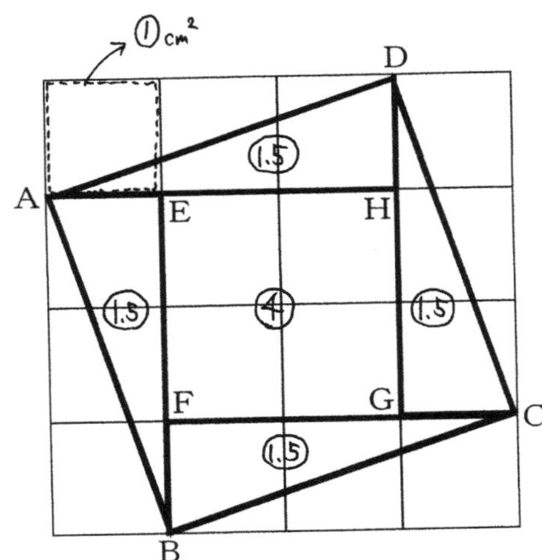

小さな正方形 = ①cm² とすると、

△ABE, △BCF, △CDG, △DAH は

③÷2 = 1.5cm²

正方形EFGH = ④cm²

よって、1.5×4 + ④ = 49

→ ① = 4.9cm²

〈別解〉

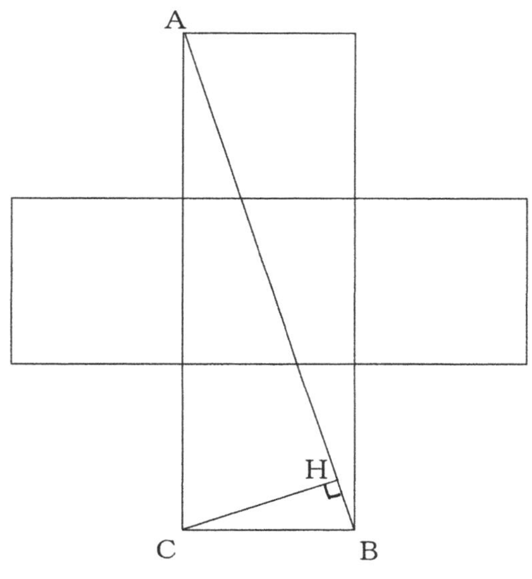

補助線CHを引く

△ABC, △CBH, △ACH は

相似なので,

BH : CH = CH : AH = BC : AC

= 1 : 3

→ BH : CH : AH = 1 : 3 : 9

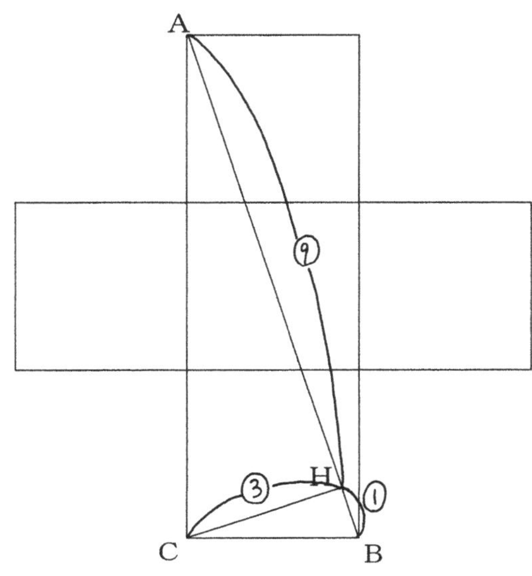

BH=①, CH=③, AH=⑨

とすると, AB=7cm なので

①+⑨=7 → ①=0.7

$\triangle ABC = \underset{AB}{7} \times \underset{CH}{0.7 \times 3} \div 2$

$= 7.35\text{cm}^2$

正方形=□cm² とすると

△ABC = □×3÷2 = □×1.5

よって, □×1.5 = 7.35

→ □ = 4.9cm²

54　問題は 193 ページ参照

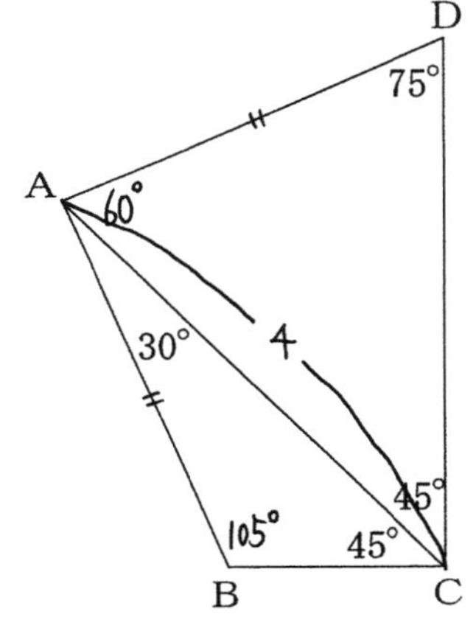

角CAD = 180 − (75 + 45)
= 60°

角ABC = 180 − (30 + 45)
= 105°

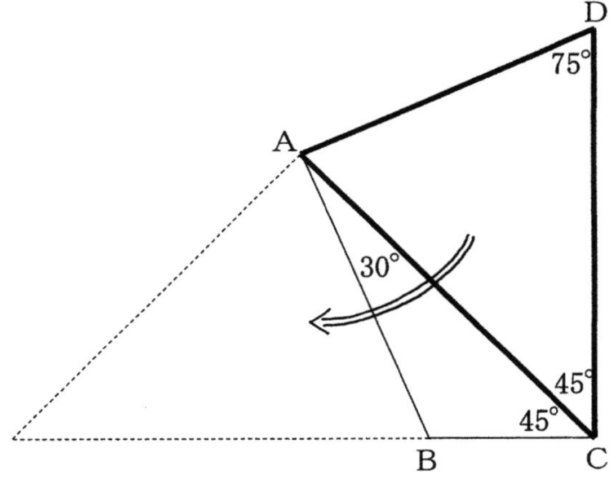

△ACDを回転移動させると…

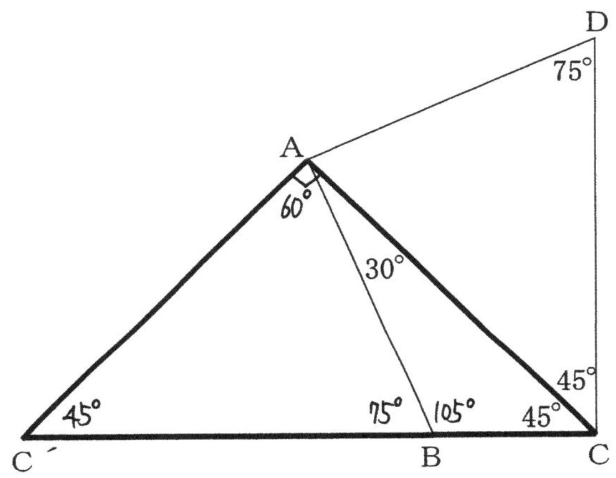

角CAC′ = 60 + 30 = 90°

AC′ = AC = 4cm

→ △AC′Cは直角二等辺三角形

△AC′C = 4 × 4 ÷ 2

= $8cm^2$

四角形ABCD = △ABC + △ACD

= △ABC + △AC′B

= △AC′C

= $8cm^2$

オンライン家庭教師のご案内

中学受験生を対象に、Zoomによる算数の受験指導（オンライン家庭教師）を行っております。

下記サイトに詳細を書いておりますので、指導を希望される方はご参照ください。

公式サイト「中学受験の戦略」
https://www.kumano-takaya.com/

【主な難関校の合格状況】

開成：合格率77％（22名中17名合格、2010～2023年度）
聖光学院：合格率86％（21名中18名合格、2010～2023年度）
渋谷幕張：合格率81％（26名中21名合格、2010～2023年度）
桜蔭＋豊島岡＋女子学院：合格率82％（17名中14名合格、2016～2023年度）

※合格率は「受講期間7ヶ月以上（平均1年7ヶ月）」等の条件を満たし、算数以外の科目について実力が一定以上の受講者を対象に算出しています。

【2016～2023年度の主な合格実績】

開成13名、聖光学院16名、渋谷幕張17名、灘5名、筑波大駒場4名、桜蔭5名、豊島岡8名、女子学院1名、麻布5名、栄光学園4名、駒場東邦１名、武蔵２名、渋谷渋谷４名、早稲田３名、慶應普通部１名、慶應中等部（１次）１名、慶應湘南藤沢（１次）１名、筑波大附１名、海城８名、西大和学園18名、海陽（特別給費生）６名、広尾学園（医進）３名、浅野３名、浦和明の星７名

※「受講期間７ヶ月以上（平均１年７ヶ月）」等の条件を満たす受講者を対象にしています。

【主な指導実績】

・サピックス模試１位、筑駒模試１位（４年12月、筑波大駒場、開成、聖光学院、渋谷幕張）
・サピックス模試１桁順位、筑駒模試１位（新５年２月、筑波大駒場、開成、渋谷幕張）
・サピックス模試１桁順位（４年９月、筑波大駒場、灘、開成、渋谷幕張、栄光学園）
・合不合模試・算数１位、算数偏差値75（５年６月、筑波大駒場、麻布、聖光学院、渋谷幕張）
・サピックス模試・算数偏差値76（新５年２月、聖光学院、渋谷幕張）
・サピックス模試・算数偏差値75（５年４月、聖光学院、海陽・特別給費生）
・桜蔭模試・算数偏差値75（新６年２月、桜蔭、豊島岡）
・サピックス模試１位、算数偏差値79（新６年２月、筑波大駒場、灘、開成、海陽・特別給費生）
・サピックス模試１桁順位（６年６月、灘、開成、西大和学園）
・サピックス模試・算数偏差値76（４年７月、渋谷幕張、海陽・特別給費生）
・サピックス模試・算数偏差値78（新４年２月、開成、聖光学院、渋谷幕張、西大和学園）

・開成模試３位（４年５月、開成、聖光学院、渋谷幕張、西大和学園）
・サピックス模試１桁順位（５年５月、麻布、渋谷幕張、西大和学園）
・桜蔭模試・算数偏差値80、総合１位（５年６月、桜蔭、豊島岡、渋谷幕張、西大和学園）
・開成模試・13回連続で合格判定（５年４月、開成、聖光学院、渋谷幕張、西大和学園）
・灘模試・偏差値70（５年７月、灘、開成、栄光学園、海陽・特別給費生、西大和学園）
・サピックス模試・算数偏差値78（新６年２月、灘、渋谷幕張、西大和学園）
・開成模試・算数１位（４年１月、聖光学院、渋谷渋谷・特待合格、西大和学園）
・栄光学園模試・算数偏差値74、武蔵模試・算数偏差値74（５年８月、栄光学園、武蔵）
・開成模試・算数偏差値71（新６年３月、開成、渋谷幕張）
・麻布模試・算数１位（５年７月、筑波大駒場、麻布、聖光学院、渋谷幕張、海陽・特別給費生、西大和学園）
・開成模試１位（４年11月、灘、開成、聖光学院、渋谷幕張）
・桜蔭模試・算数偏差値70（新５年２月、桜蔭、渋谷幕張）
・開成模試・算数１位（新５年２月、開成、渋谷幕張、西大和学園）

※かっこ内は、開始時期と主な合格校です。

※自宅受験は含めず、会場受験のみの結果を対象としています。

メールマガジンのご案内

不定期でメールマガジンを発行しております。
配信を希望される方は、下記サイトからご登録ください。

公式サイト「中学受験の戦略」
https://www.kumano-takaya.com/

【過去のテーマ（抜粋）】

・「復習主義」で成果が出ない場合の対処法
・問題集は「仕分ける」ことで効率的に進められる
・模試は「自宅受験」ではなく「会場受験」を選択する
・「思考力勝負」の受験生は、過小評価されていることが多い
・思考系対策は６年生の秋以降に効いてくる
・「一時的に評価の下がっている学校」は狙い目になる
・過去問演習の高得点を過信しない
・練習校受験は本命校合格への「投資」になる
・難関校合格者の多くは「目先の結果」を犠牲にしている
・難関校受験生が「本格的な応用問題」を開始する時期
・難関校受験生が早めに受けておきたい模試

■著者紹介■

熊野　孝哉（くまの・たかや）

中学受験算数専門のプロ家庭教師。甲陽学院中学・高校、東京大学卒。開成中合格率77％（22名中17名合格、2010～2023年度）、聖光学院中合格率86％（21名中18名合格、2010～2023年度）、渋谷幕張中合格率81％（26名中21名合格、2010～2023年度）、女子最難関中（桜蔭、豊島岡、女子学院）合格率82％（17名中14名合格、2016～2023年度）など、特に難関校受験で高い成功率を残している。

公式サイト「中学受験の戦略」
https://www.kumano-takaya.com/

主な著書に
『算数の戦略的学習法・難関中学編』
『算数の戦略的学習法』
『場合の数・入試で差がつく51題』
『速さと比・入試で差がつく45題』
『図形・入試で差がつく50題』
『文章題・入試で差がつく56題』
『比を使って文章題を速く簡単に解く方法』
『詳しいメモで理解する文章題・基礎固めの75題』
『算数ハイレベル問題集』（エール出版社）がある。

また、『プレジデントファミリー』（プレジデント社）において、
「中学受験の定番13教材の賢い使い方」（2008年11月号）
「短期間で算数をグンと伸ばす方法」（2013年10月号）
「家庭で攻略可能！二大トップ校が求める力（2010年5月号、灘中算数を担当）など、
中学受験算数に関する記事を多数執筆。

中学受験を成功させる
熊野孝哉の「図形」
入試で差がつく50題＋4題　増補改訂版

2014年 12 月 20 日　初版第1刷発行
2018年 12 月 25 日　初版第2刷発行
2020年 11 月 5 日　改訂版第1刷発行
2023年 9 月 30 日　改訂版第2刷発行

著　者　熊　野　孝　哉
編集人　清水智則　　発行所　エール出版社
〒101-0052　東京都千代田区神田小川町2-12　信愛ビル4F
e-mail　info@yell-books.com
電　話　03(3291)0306　FAX　03(3291)0310

＊定価はカバーに表示してあります。
乱丁・落丁本はおとりかえいたします。

ISBN978-4-7539-3487-4